高等职业教育装备制造类专业系列教材
高等职业教育"1+X"岗课赛证融通系列教材
国家双高校核心实训课程规划建设教材

自动生产线安装与调试实训

ZIDONG SHENGCHANXIAN ANZHUANG YU TIAOSHI SHIXUN

主　编　刘保朝
副主编　白帅丽　张育洋
参　编　张　豪　李　波　崔旭升

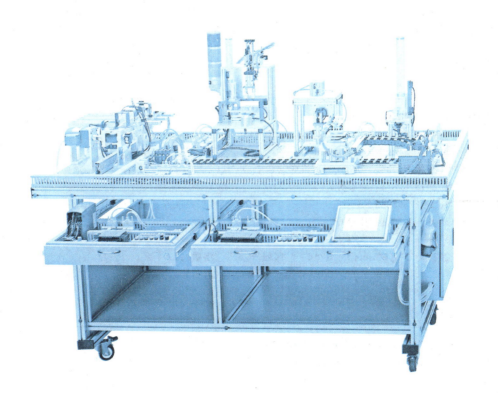

西安交通大学出版社
XI'AN JIAOTONG UNIVERSITY PRESS

图书在版编目(CIP)数据

自动生产线安装与调试实训 / 刘保朝主编. —西安：西安交通大学出版社,2023.10
高等职业教育装备制造类专业系列教材
ISBN 978-7-5693-3508-8

Ⅰ.①自… Ⅱ.①刘… Ⅲ.①自动生产线－安装－高等职业教育－教材 ②自动生产线－调试方法－高等职业教育－教材 Ⅳ.①TP278

中国国家版本馆 CIP 数据核字(2023)第 207870 号

书　　名	自动生产线安装与调试实训
主　　编	刘保朝
策划编辑	杨　璠
责任编辑	杨　璠　王玉叶
责任印制	刘　攀
责任校对	曹　昳
出版发行	西安交通大学出版社 (西安市兴庆南路 1 号　邮政编码 710048)
网　　址	http://www.xjtupress.com
电　　话	(029)82668357　82667874(市场营销中心) (029)82668315(总编办)
传　　真	(029)82668280
印　　刷	西安五星印刷有限公司
开　　本	787 mm×1092 mm　1/16　印张 8.5　字数 172 千字
版次印次	2023 年 10 月第 1 版　2023 年 10 月第 1 次印刷
书　　号	ISBN 978-7-5693-3508-8
定　　价	39.00 元

如发现印装质量问题,请与本社市场营销中心联系。
订购热线:(029)82665248　(029)82667874
投稿热线:(029)82668502
读者信箱:phoe@qq.com

版权所有　侵权必究

前言

当前,我国经济进入新发展阶段,经济结构转型和产业升级迫切需要高等职业院校培养出更多的高素质技术技能人才。为解决产业转型升级带来的人才供需结构性矛盾,提高职业教育人才培养质量和服务产业发展能力,遵照 2019 年国务院印发的《国家职业教育改革实施方案》,建设校企"双元"合作开发的国家规划教材,采用新型活页式装订方式开发本教材,并配套开发信息化资源。

依据区域经济和产业、行业、企业的发展需求,针对我国西部地区装备制造业以及相关产业的装备制造、安装、调试、维修、操作、营销等职业岗位(群)要求,遵行职业教育国家教学标准、机电一体化技术应用人员职业标准(规范)和职业技能等级标准,在机电一体化专业的人才培养方案和专业课程体系中,确立"自动生产线安装与调试实训"课程为专业核心实践课程。

自动化生产线融合了机械、液压、气动、传感器、PLC、通信网络、电动机驱动、电气控制、人机交互等多种技术,从业人员需要在充分的实践操作中才能培养出高超的专业技能。

本课程的课程标准经多方讨论和反复修改后制定,充分融合了机电设备安装与调试岗位职业技能要求、全国高职院校技能大赛机电一体化项目和智能线集成与应用职业技能等级(中级)标准("1+X"证书)的核心知识点和技能点。本课程以 YL-335B 典型自动化生产线的工作单元为主要实践平台,基于工作过程项目化模式,将自动化生产线应用中的典型工作任务(各运行单元设备的安装与调试)提炼为教学项目,以工程应用项目为载体,将理论知识和专业技能融于项目实施过程中。实施项目式、任务式、案例式、情景化教学等能有效缩短理论教学、实操技能培养与岗位操作任务之间距离,有利于强化理实一体、手脑并用,培养学生"目有所见、心有所知、手有绝技"的综合专业素质。

本课程以"遵循岗位操作规范,养成节约意识,培养精益求精的工匠精神,奠定勇攀科技高峰的素养,树立科技报国之情怀"为核心,注重在教学中融入科学精神、工程思维和创新意识,注重劳动精神、劳模精神的培育,将价值塑造、知识传授和能力培养三者融为一体,以党的二十大精神为指引,把中国梦和中国式现代化建设使命,内化为学生爱国之心,外化为源源动力注入学生自强不息磨炼专业技能之学习行动中。

本书具有以下特点:

1. 贯彻落实"三教"改革。遵行"三教"改革精神内涵,教学过程对接生产过程,按照有利于开展工学结合、学做一体、知行合一设计教材编写体例。破除学科体系教材禁锢,建立以行动逻辑为主线的新型教材,按照工学结合的理念,本书基于工作过程组织教学内容,以典型的自动化生产线为载体,按照项目引领、任务驱动的编写模式将进行自动化生产线安装与调试所需的理论知识与实践技能分解到各个项目中,旨在加强学生综合技术应用和实践技能的培养。

2. 践行"岗课赛证"融合育人模式。从岗课赛证角度出发,集岗位任务、行业企业标准、职业标准、专业资质证书("1+X")、职业技能竞赛等要素于一体,把行业最新生产技术、工艺、规范和未来技术发展纳入教学内容,优化课程结构,更新教学内容,对接新业态、新模式,体现专业升级和数字化转型、绿色化改造。

3. 工学结合。实训项目内容与自动化生产任务紧密结合,既是企业生产岗位的操作项目,又是校内技能培训项目,方便学习者更好地掌握实践技能,走向工作岗位。通过全方位、高进阶能力培养,助力学生高质量就业。

4. 提供适宜自主式、探究式学习的学材,满足学生个性化学习需求。针对学生学习主动性不高,参与课堂发言、讨论的自觉性不够等问题,本教材以引导学生自主学习为中心,增设项目引入、任务清单、学习目标、学前引导、工作方案、任务实施、评价反馈等环节,提升学生参与度,增强学生体验感、学习乐趣和成就感,激发学生自主学习的内驱力。

本书结构紧凑,图文并茂,便于按图操作。各单元的工艺设计和程序设计是最困难的部分,对此作者进行了仔细的剖析和编程示例,有利于学习者理解和模仿,在实战中提升编程能力。

本书由陕西工业职业技术学院刘保朝副教授担任主编；陕西工业职业技术学院白帅丽讲师和张育洋讲师担任副主编；亚龙科技集团有限公司(校企合作单位)的机电项目主管、现场机电高级工程师李波,机电设备软件与硬件仿真建模、项目设计与实施建设主管崔旭升,深圳市同立方科技有限公司(校企合作单位)技术总监、华中数字化教学研发中心主任张豪参编。其中刘保朝、白帅丽共同编写项目一和项目二；刘保朝、张育洋共同编写项目三和项目四；刘保朝、张豪共同编写项目五。李波、崔旭升为书中自动化设备电气系统设计与研发、电工规范操作方法与质量控制、自动化控制程序开发与调试等相关内容的编写提供了指导和专业材料,并结合具体案例提出很多宝贵建议；张豪在职业化教学项目设计、构建新型课堂、数字化学习资源设计上给予了很大支持,在此对三位专家表示感谢。

时间仓促,限于编者的水平、经验和视野,加之相关技术的飞速发展,书中难免有不足和错漏之处,恳请读者批评指正。

编　者

2023 年 7 月

目录

项目一　供料单元的安装与调试 …………………………………………………… 1

项目二　加工单元的安装与调试 …………………………………………………… 25

项目三　装配单元的安装与调试 …………………………………………………… 43

项目四　分拣单元的安装与调试 …………………………………………………… 63

项目五　搬运单元的安装与调试 …………………………………………………… 87

自动生产线安装与调试实训报告 ……………………………………………………… 115

项目一　供料单元的安装与调试

项目引入

同学们,我们已经观看过应用在纺织、食品加工、药品生产、饮料灌装、汽车装配、物流配送等不同领域的自动化生产线,见识过其在自动化水平、产品质量和生产效率等方面的卓越表现和巨大商业价值。那么,如果站在自动化生产线的装配车间,拥有充足的技术资料和劳动工具,我们怎样才能把自动化生产线组装起来呢?组装自动化生产线要完成哪些任务呢?在完成工作任务的过程中要利用哪些图纸、遵守哪些技术规范才能保障自动化生产线的有效运行呢?我们一起看看接下来的内容,解开这些疑问吧!

任务清单

任务1　供料单元的机械安装

任务2　供料单元的气路连接

任务3　供料单元的电路连接

任务4　供料单元的编程与调试

学习目标

【知识目标】

①掌握供料单元的机械机构的组成及功能。

②掌握供料单元的气动系统的组成及工作原理。

③掌握电气系统电路接线工艺和规范。

【技能目标】

①能依据机械安装要求,拟定安装顺序,正确选用工具完成供料单元机械机构装调。

②能读懂气动原理图,能遵守工艺规范正确选用工具完成供料单元气动系统装调。

③能读懂电气控制原理图,能完成按钮、传感器、PLC、电磁阀、电源端子的安装、紧固与接线端口之间的接线。

④能依据工作要求,画出主程序和子程序控制流程图,能正确编写子程序。

【素质目标】

①注重安全用电,养成规范作业、合理使用劳动工具和妥善保管生产资料的职业习惯。

②自觉遵守企业规章制度,有序摆放图纸、零件、工具,养成文明生产的职业素养。

③爱岗敬业、精益求精、追求卓越,提升发现问题、解决问题的能力。

学前引导

重点:完成任务1、2、3、4。

难点:结合供料单元的工作流程,分析机械、气动、电气图纸,从而制定出装配顺序,明确各步操作的工艺规范和质量检测点。

知易行难,保持如一更难,把平凡的工作做得超凡则是难能可贵。我们看看姚智慧是怎么做的吧!请大家在实训中灵活运用所学知识,练出机械装配和电气接线功夫的"稳"和"准"。

时代楷模引领我们前行

党的二十大报告中提出:"坚持把发展经济的着力点放在实体经济上,推进新型工业化,加快建设制造强国、质量强国、航天强国、交通强国、网络强国、数字中国。实施产业基础再造工程和重大技术装备攻关工程,支持专精特新企业发展,推动制造业高端化、智能化、绿色化发展。巩固优势产业领先地位,在关系安全发展的领域加快补齐短板,提升战略性资源供应保障能力。推动战略性新兴产业融合集群发展,构建新一代信息技术、人工智能、生物技术、新能源、新材料、高端装备、绿色环保等一批新的增长引擎。"

飞速发展的高铁技术是近年来中国科技创新取得一系列斐然成果的缩影,我国自主研发的高铁相关技术让世界瞩目。目前,我国高铁总体技术水平已进入世界先进行列,部分领域达到世界领先水平,中国在高铁领域的研究正不断驶入创新的"无人区"。一列列代表着"中国速度"的高铁无一不倾注着像姚智慧一样默默为高铁"保驾护航"的一线员工的心血。

姚智慧是中车长春轨道客车股份有限公司高速基地高速动车组制造中心装配一车间的一名一线女工,她和同事们的绝活是工艺文件"一口清"——将复杂的操作规程倒背如流。每列动车上有近两万根线束、约10万个接线点,姚智慧所负责的巡检工作,需要把所有车上相关的工艺文件都熟记,所有重点操作步骤和尺寸要求都要烂熟于心。姚智慧说:"虽然我的职位很小,但是我们每一个接线点是否正确,会影响到今后的行车安全,会影响到乘车人员的安全。"

这项工作,必须"零差错"。上班路上、午休时间,姚智慧将工艺文件储存在手机里一遍遍地记、一遍遍地对照,直到烂熟于心。在巡检中,她更是严格按照工艺标准,确认每一根线的接线点、接线位置、长度、走向,精益求精。在普通人看来,这些导线的样子都差不多。但在姚智慧和她的同事们看来,每一根线,每一个点,都是重如千钧的责任。

1. 任务分析

任务 1 供料单元的机械安装

供料单元的结构如图 1.1 所示,将供料单元拆开成组件和零件的形式,分类摆放,然后再组装成原样。

任务 2 供料单元的气路连接

阅读气动原理图,安装气动系统元件,剪裁气管,连接气路,并调试。

任务 3 供料单元的电路连接

在供料单元装置侧完成各传感器、电磁阀、电源端子等引线到装置侧接线端口之间的接线,在 PLC 侧进行电源连接、I/O 点接线等。

任务 4 供料单元的编程与调试

明确供料单元单站运行要求,设计控制程序并运行调试。

难点分析:依据装配技术要求拟定机械安装的顺序;分析研讨供料单元的控制要求、设计主程序结构、编写和调用子程序。

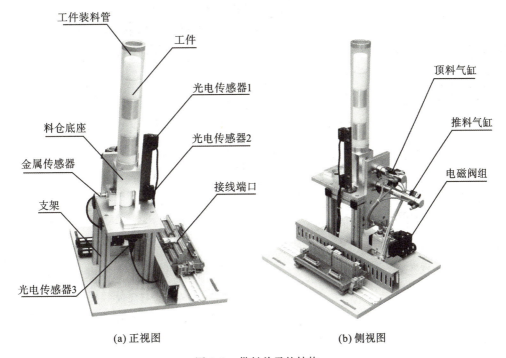

图 1.1 供料单元的结构

2. 任务分组

分组并填写表 1.1 和表 1.2。

表 1.1 任务分配表

班级		组号		指导教师	
组长		学号			
姓名	学号	任务分工			

表 1.2 任务单

项目名称		供料单元安装与调试	
序号	任务名称	任务完成质量要求	
1	供料单元机械安装		
2	供料单元气路连接		
3	供料单元电路连接		
4	供料单元编程与调试		
下达时间		接受时间	完成时间
接单人		小组号	

3.熟悉任务

任务1　供料单元的机械安装

认真阅读机械装配图,分析出安装基准、位置关系、精度要求、安装顺序,写在下面横线上。先把零件装成组件,再把组件组装起来。

_____

_____

_____

任务2　供料单元的气路连接

结合供料工作过程,分析气动系统原理图,把气动系统组成写在下面横线上。合理安排汇流板、电磁阀的安装位置。

_____

_____

_____

任务3　供料单元的电路连接

查阅供料单元PLC的I/O信号表、供料单元PLC的I/O接线原理图,熟悉传感器、PLC、电磁阀、信号灯、电源端子、通信接口和电缆的接线。

传感器种类、型号、数量:_____

PLC品牌和型号:_____

通信接口和电缆的信息:_____

任务4　供料单元的编程与调试

逐条列出控制要求,梳理程序结构,结合控制要求,确定控制流程图和选用编程指令,写在下面横线上。

_____

_____

_____

4. 工作方案

任务 1　供料单元的机械安装

机械部分的安装步骤和方法：首先把供料站各零件组合成整体安装时的组件，包括铝合金型材支撑架组件、物料台及料仓底座组件和推料机构组件，如图 1.2 所示。

铝合金型材支撑架　　　　物料台及料仓底座　　　　推料机构

图 1.2　供料单元的 3 部分组件

各组件装配好后，用螺栓把它们连接为一个整体，再用橡皮锤把装料管敲入料仓底座，最后固定底板完成供料站的安装。

供料单元机械安装注意事项（质量检测要点）：

①装配铝合金型材支撑架时，注意调整好各条边的平行及垂直度，锁紧螺栓。

②气缸安装板和铝合金型材支撑架的连接，是靠预先在特定位置的铝型材 T 形槽中放置与之相配的螺母，因此在对该部分的铝合金型材进行连接时，一定要在相应的位置预留相应的螺母。

③将机械机构固定在底板上的时候，需要将底板移动到操作台的边缘，再把螺栓从底板的反面拧入，将底板和机械机构部分的支撑型材连接起来。

写出要点或关键词：_____

任务 2　供料单元的气路连接

按供料单元的电磁阀组安装图（图 1.3）、供料单元气动控制回路工作原理图（图 1.4），在供料单元安装底板上依次安装汇流排、电磁阀，然后连接气动控制回路。剪裁合适长度、直径和颜色的气管，连接气源开关、汇流排、电磁阀、气缸。连接时注意：气管走向应按序排布，均匀美观，不能交叉、打折；气管要在快速接头中插紧，不能够有漏气现象。

项目一　供料单元的安装与调试　　7

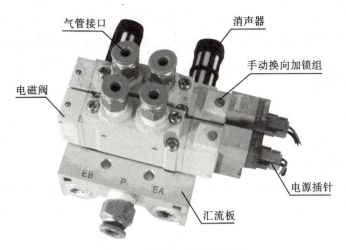

图1.3　供料单元的电磁阀组

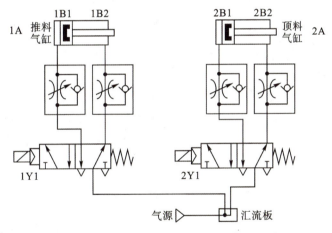

图1.4　供料单元气动控制回路工作原理图

供料单元气路连接注意事项（质量检测要点）：

①气路连接要完全按照自动生产线/气路图进行,气路连接时,气管一定要在快速接头中插紧,不能够有漏气现象。

②气路中的气缸节流阀调整要适当,以活塞进出迅速、无冲击、无卡滞现象为宜,以不推倒工件为准。如果有气缸动作相反,将气缸两端进气管位置颠倒即可。

③在连接气路气管走向时,应该按序排布,均匀美观。不能交叉弯折,顺序凌乱。所有外露气管必须用黑色尼龙扎带进行绑扎,松紧程度以不使气管变形且外形美观为宜。

④电磁阀组与气体汇流板的连接必须压在橡胶密封垫上固定,要求密封良好,无泄漏。

气路调试包括：

①用电磁阀上的手动换向加锁钮调试顶料气缸和推料气缸的初始位置和动作位置。

②调整气缸节流阀以控制活塞杆的往复运动速度，伸出速度以不推倒工件为准。

写出要点或关键词：_____

_____

_____

任务3 供料单元的电路连接

电气控制系统是自动化系统的重要组成部分。完成电气控制系统的安装、接线，是电气装配岗位的典型工作任务。按照岗位规范作业、确保线路质量是技术人员的岗位职责。为了能"零差错"地完成工作任务，需要工作人员能读懂气动原理图，正确选用工具，遵守工艺规范，完成按钮、传感器、PLC、电磁阀、电源端子的安装，紧固与接线端口之间的接线。大家需要勤学知识、苦练技能、爱岗敬业，在刻苦训练中提高动手能力，提高接线的专业技能，按照质量标准控制点完成线路检修和调试，以行业的大国工匠事迹和精神激励自己，以服务国家和人民的政治站位，精益求精地完成电气线路的装配。

电气部分安装连接步骤：

①将电源、按钮模块、各传感器、PLC正确安装。

②结合供料单元装置侧的接线端口信号端子的分配表在供料单元工作装置侧连接各按钮、传感器、电磁阀、电源端子到装置侧接线端口之间的接线；供料单元装置侧的I/O接线端口上各电磁阀和传感器的引线安排如表1.3所示。

表1.3 供料单元装置侧的接线端口信号端子的分配表

输入端口中间层			输出端口中间层		
端子号	设备符号	信号线	端子号	设备符号	信号线
2	1B1	顶料到位	2	1Y	顶料电磁阀
3	1B2	顶料复位	3	2Y	推料电磁阀
4	2B1	推料到位			
5	2B2	推料复位			
6	SC1	出料台物料检测			
7	SC2	物料不足检测			
8	SC3	物料有无检测			
9	SC4	金属材料检测			

项目一 供料单元的安装与调试

结合供料单元 I/O 信号分配表(表 1.4)和 PLC 的电气控制原理图(图 1.5),完成 PLC 侧的接线,包括电源、PLC 的 I/O 点与 PLC 侧端口、PLC 侧端口和装置侧接口、PLC 的 I/O 点与按钮指示灯模块之间的接线。

表 1.4 供料单元 PLC 的 I/O 信号分配表

输入信号					输出信号			
序号	PLC 输入点	信号名称	信号来源		序号	PLC 输入点	信号名称	信号来源
1	I0.0	顶料气缸伸出到位	装置侧		1	Q0.0	顶料电磁阀	装置侧
2	I0.1	顶料气缸缩回到位			2	Q0.1	推料电磁阀	
3	I0.2	推料气缸伸出到位			3	Q0.2	—	—
4	I0.3	推料气缸缩回到位			4	Q0.3		
5	I0.4	出料台物料检测			5	Q0.4		
6	I0.5	供料不足检测			6	Q0.5		
7	I0.6	缺料检测			7	Q0.6		
8	I0.7	金属工件检测			8	Q0.7		
9	I1.0	—			9	Q1.0	正常工作指示	按钮/指示灯模块
10	I1.1	—			10	Q1.1	运行指示	
11	I1.2	停止按钮	按钮/指示灯模块					
12	I1.3	启动按钮						
13	I1.4	—						
14	I1.5	工作方式选择						

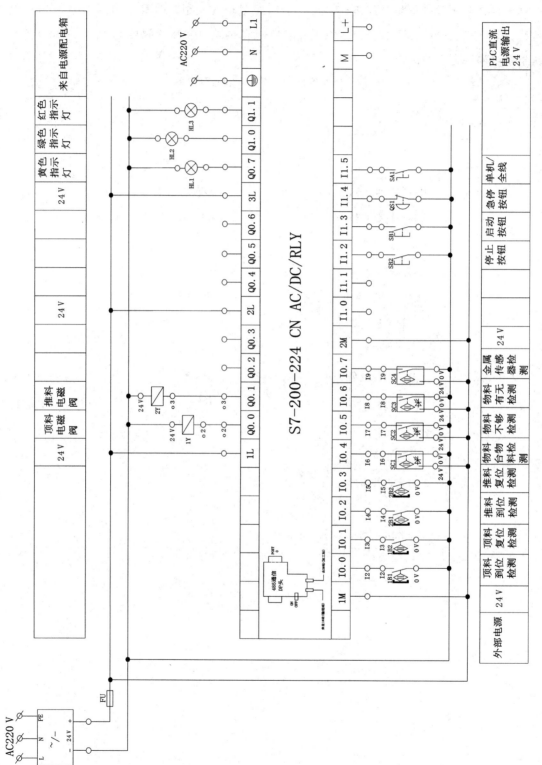

图 1.5 供料单元 PLC 电气控制原理图

项目一　供料单元的安装与调试

> **榜样的力量——砥砺专业技能，练就超凡本领**
>
> 电气控制系统通常由电器元件和控制线路构成，少则几十根导线，多则数万根导线。电气控制系统的安装、接线、检测工作非常考验从业技术人员的专业能力。
>
> 一列动车组，会用到 80 多种线型、近 20000 根导线、约 100000 个接线点，这些是列车的神经。姚智慧班组的工作，就是保证这些线束接触可靠，运行稳定。否则，1 mm 的误差，小则影响音响照明，大则导致车辆故障。
>
> 看似简单的接线工作，却需要长久磨炼。接线需要剥开电缆外皮，劲儿用大了，会损伤金属线，劲儿用小了，又影响效率；线束又粗又硬，要想将其固定成型，使蛮力不可取，用巧劲才能完成；接线时金属丝外露容易形成毛刺，如果接触不良，会影响系统工作。
>
> 为了做到精准地"剥皮"，起初姚智慧每天练习 200 多次，回家时手指疼得连筷子都拿不起来；为了把线束捆好，她把全部精力都集中在练习捆扎技术上；为了除掉毛刺，她把手套的拇指和食指尖剪下来，用皮肤感觉线束是否顺滑地接到孔内。姚智慧就这样，伴随高铁的发展，不断成长。

供料单元电路连接注意事项（质量控制与检测要点）：

①接线时应注意，装置侧接线端口采用三层端子结构，输入信号端子的上层端子（+24 V）只能作为传感器的正电源端，切勿用作电磁阀等执行元件的负载。PLC 侧接线端口的接线端子采用两层端子结构，电磁阀等执行元件的正电源端连接到输出信号端子位置，其 0 V 端应连接到输出信号端子下层的相应端子上。装置侧接线完成后，应用扎带绑扎，力求整齐美观。

②供料（加工、装配）站侧的接线端口和 PLC 侧的接线端口之间通过专用电缆连接。其中 25 针接头电缆连接 PLC 的输入信号，15 针接头电缆连接 PLC 的输出信号。PLC 侧的接线，包括电源接线、PLC 的 I/O 点和 PLC 侧接线端口之间的连线、PLC 的 I/O 点与按钮指示灯模块的端子之间的连线。具体接线要求与工作任务有关。

③为接线方便，一般应该先接下层端子，后接上层端子。要仔细辨明原理图中的端子功能标注，注意气缸磁性开关的棕色和蓝色两根线，漫射式光电开关的棕色、黑色、蓝色三根线，金属传感器的棕色、黑色、蓝色三根线的极性不能接反。

④按照供料单元 PLC 的 I/O 接线原理图和规定的 I/O 地址接线。

电气接线的工艺应符合国家职业标准的规定，例如，导线连接到端子时，采用压紧端子压接方法；连接线须有符合规定的标号；每一端子连接的导线不超过 2 根等。

导线线端应该处理干净，无线芯外露，裸露铜线不得超过 2 mm。一般应该做冷压插针处理。线端应该套规定的线号。

导线在端子上的压接，以用手稍用力向外拉，拉不动为宜。导线走向应该平顺有序，不得重叠、挤压、折曲、顺序凌乱。线路应该用黑色尼龙扎带进行绑扎，以不使导线外皮变形为宜。装置侧接线完成后,应用扎带绑扎,力求整齐美观。

写出要点或关键词:＿＿＿＿＿＿＿＿＿＿＿＿＿＿＿＿＿＿＿＿＿＿＿＿＿＿

＿＿＿＿＿＿＿＿＿＿＿＿＿＿＿＿＿＿＿＿＿＿＿＿＿＿＿＿＿＿＿＿＿＿＿＿＿

＿＿＿＿＿＿＿＿＿＿＿＿＿＿＿＿＿＿＿＿＿＿＿＿＿＿＿＿＿＿＿＿＿＿＿＿＿

任务 4　供料单元的编程与调试

供料单元单站运行的情况:按钮/指示灯模块提供主令信号和工作状态显示信号,工作方式选择开关 SA 应置于"单站方式"位置。供料单元的控制要求如下。

① 设备上电,气源接通后,若工作单元的两个气缸均处于缩回位置,且料仓内有足够的待加工工件,则"正常工作"指示灯 HL1 常亮,表示设备准备好。否则,该指示灯以 1 Hz 的频率闪烁。

② 若设备准备好,按下启动按钮,工作单元启动,"设备运行"指示灯 HL2 常亮。启动后,若出料台上没有工件,则应把工件推到出料台上。出料台上的工件被人工取出后,若没有停止信号,则进行下一次推出工件操作。

③ 若在运行中按下停止按钮,则在完成本工作周期任务后,各工作单元停止工作,HL2 指示灯熄灭。

若在运行中料仓内工件不足,则工作单元继续工作,但"正常工作"指示灯 HL1 以 1 Hz 的频率闪烁,"设备运行"指示灯 HL2 保持常亮。若料仓内没有工件,则 HL1 指示灯和 HL2 指示灯均以 2 Hz 频率闪烁。工作站在完成本周期任务后停止。除非向料仓补充足够的工件,否则工作站不能再启动。

编写设备控制程序的能力是从事机电设备安装与调试工作需要掌握的最核心的技能。设备控制程序涉及的内容多,编写难度大,需要处理的问题复杂,对分析问题、解决问题的思维能力有较高的要求。

编写设备控制程序也是从普通员工向技术人员特别是高级技术人员提升的极其有效的路径。需要在思想上重视,方法上从模仿开始,行动上多练习。掌握了编程方法后,要开拓思维,积极创新,力争编写出简短、高效、实用的程序,提高编程效率。

程序设计人员必须注意到的是——程序设计是在设备工艺设计之后开始的。也就是说首先要设计、确认设备的运行工艺,确保设备能安全、可靠地执行生产过程,同时兼顾技术人员操作设备运行的方便,比如设计设备运行状态指示、设备故障状态指示、缺料状态指示等。

设备工艺通常包含以下内容(专业人员常识性知识)。

(1)设备运行前检查,检查零部件是否无故障且符合生产初始条件。开启初态检查,即发出设备初态复位命令,判断设备是否准备就绪。

(2)设备就绪情况下,发布启动命令,设备进入正常运行状态。

(3)在正常运行状态下,如果需要发布停止命令,设备返回至准备就绪状态。如果生产过程中触发急停按钮或有报警信息,设备应当返回至设备检查状态。只有设备检查状态合格(设备就绪)的情况下,才允许重新启动设备。这些要求通常不会在设备的控制要求中明确写出来,但是编写程序时应当满足。

编写程序是围绕着设备控制要求进行的,应从设备的控制要求出发逐项书写程序代码,也要按设备的控制要求检验程序代码是否实现了各项功能要求。

下面来分析供料单元的主程序结构。

(1)主程序结构。主程序由初态检查、准备就绪、运行状态、供料过程子程序和状态显示部分组成,如图1.6所示。通常,主程序在第一个扫描周期要开启初态检查,当设备的初态全部满足要求后(准备就绪),才能启动控制供料单元进入运行状态。仅在运行状态下才可以调用供料控制子程序。主程序的每一扫描周期都扫描系统状态显示程序。

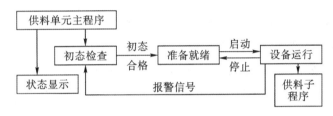

图1.6 供料单元主程序结构

(2)PLC上电后应首先进入初始状态检查阶段,确认系统已经准备就绪后,才允许投入运行,这样可及时发现并排除设备存在的问题,避免出现生产事故。

在本任务中,若两个气缸在上电和接入气源时不在初始位置,多数是气路连接错误导致的,这种情况下不允许系统运行。必须检查、调整气动系统,使其满足初态的要求。当然也有可能是传感器不能正常工作引起的,应当及时调试传感器。

在准备未就绪的情况下,设备是不允许启动的。同时,为了方便,在开启初态检查的同时,一般还需要将设备就绪、设备运行、请求停止、子程序步等元件的状态位复位。

(3)供料单元运行的主要过程是供料控制,它是一个步进顺序控制过程,一般单独写在子程序中。这样当生产任务变更时,方便修改程序。

(4)如果没有停止指令,顺序控制过程将周而复始地不断循环。常见的顺序控制系统正常停止的要求是,接收到停止指令后,系统在完成本工作周期任务并返回到初始步后才停止。

(5)当料仓中最后一个工件被推出后,系统将发缺料报警。完成本工作周期任务并返回初始步后,推料气缸也应停止并复位到位。

写出编程思路:

5. 任务实施

任务开始前,清点、检查技术图纸、劳动工具、装配元件是否完备;明晰团队分工,各有重点;做好过程笔记,做好劳动保护。

1) 认识供料单元各个组成部分元件

在供料过程中,供料单元各个组成部分元件起到什么作用?

_____

_____

_____

2) 安装前准备

把供料单元的机械、气动、传感器、电气部分有序拆卸,分类摆放。

3) 供料单元机械、气动、电气安装与接线

把供料单元的机械、气动、传感器、电气部分按照顺序安装、紧固和连接,检查接线是否错误,适当调整并检验供料单元是否能正常工作。写出装调过程中出现的错误和改正措施。

_____

_____

_____

4) 供料单元的编程与调试

编写程序前除了按照控制要求进行 I/O 分配外,还需要使用一些中间继电器元件表示中间状态。后续各工作站也有这样的需求,为编程方便,相同的中间状态,可以采用统一的中间继电器元件表示。供料顺序控制各步的表示顺序控制继电器元件,在设计顺序功能图时另行分配。供料单元中间继电器元件表示的中间状态如表 1.5 所示。

表 1.5　供料单元中间继电器元件表示的中间状态

中间状态	中间元件	中间状态	中间元件
初态检查	M5.0	设备运行	M1.0
准备就绪	M2.0	请求停止	M1.1

初态检查是在程序运行之初,先检查本单元两个气缸动作是否正确、料仓里是否有物料。另外需要说明的是,主程序是周而复始的,而其中的初态检查程序必须也只能在程序运行之初执行一次,当初态检查结束后,应当关闭初态检查功能。请大家思考这个要求怎么实现?

图1.7所示程序中,在网络1中使用初始化指令SM0.1启动初态检查内部继电器M5.0。这是由编程人员自己约定的,即把M5.0位约定用作初态检查标志,当M5.0=1时,进行初态检查;当M5.0=0时,关闭初态检查。启动初态检查的同时,还要复位准备就绪、运行状态。根据需要还可以考虑复位执行气缸和顺序控制各步的编程元件等(本程序中无此内容)。编程过程中有很多不需要对外输出的中间控制信号,需要通盘考虑,统筹安排分配地址,以方便记忆和编程。

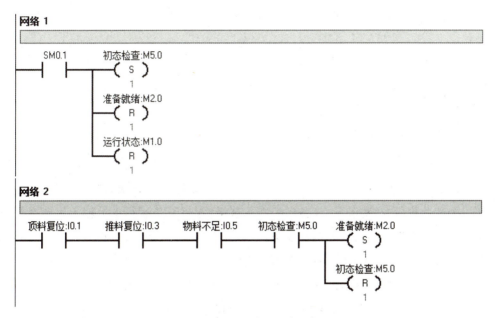

图1.7 初态检查程序示例

这里再一次说明,设备的工作过程可以理解为:初态检查、准备就绪和运行状态三个阶段。如果初态检查条件符合,就进入准备就绪状态,此时可以通过启动命令进入运行状态,通过停止命令返回准备就绪状态。因此在网络1中,启动初态检查时要关闭准备就绪和运行状态,待后续条件满足时再分别进入准备就绪和运行状态。

在网络2中的初态检查阶段(置位M5.0),如果顶料复位I0.1、推料复位I0.3、物料不足I0.5三个条件都满足,系统就由初态检查阶段进入准备就绪状态,即置位准备就绪M2.0,同时关闭初态检查(复位M5.0)。之后的运行过程中,即使再有顶料复位I0.1、推料复位I0.3、物料不足I0.5三个条件都满足的情况,但是由于不处在初态检查阶段,不会误触发而置位准备就绪M2.0。这样就保证了初态检查程序必须也只能在程序运行之初执行一次。

运行初态检查程序,填写供料单元初态调试工作单(表1.6)。

①调整气动部分,检查气路是否正确,气压是否合理,气缸的动作速度是否合理。

②检查磁性开关的安装位置是否正确,磁性开关工作是否正常。

③检查 I/O 接线是否正确。

④检查光电传感器安装是否合理,灵敏度是否合适,保证检测的可靠性。

表 1.6 供料单元初态调试工作单

	调试内容	是	否	原因
1	顶料气缸是否处于缩回状态			
2	推料气缸是否处于缩回状态			
3	料仓内物料是否充足			
4	HL1 指示灯状态是否正常			
5	HL2 指示灯状态是否正常			

前文讲到"通过启动命令进入运行状态,通过停止命令返回准备就绪状态。"其中准备就绪状态就是一个缓冲阶段,在此阶段,设备已经准备就绪,等待设备运行人员输入生产执行命令。准备就绪状态是进入设备运行状态的必要条件,如果不满足,不能启动设备。如果设备处于准备就绪状态,生产执行命令到达,设备立即进入运行状态。

如图 1.8 所示,在网络 4 中,准备就绪状态下(置位 M2.0),设备还没有进入运行状态,操作人员按下启动按钮 I1.3,完成运行状态置位,为了编程方便,同时初始化顺序控制的第一步,对其置位操作。运行状态 M1.0 的常闭触点作业是防止生产过程中,误动启动按钮而再次引起"初始化生产动作第一步",导致顺序控制的各步多步激活,使生产过程混乱。

缺料报警 M2.1 的常闭触点的作用是,在缺料事件发生后,只有补充了物料才能重新启动设备运行状态。

如图 1.8 所示,在网络 5 和网络 7 中完成"接收停止命令,返回准备就绪状态",而且要求设备完整执行完当前正在执行的生产过程后才能停止。

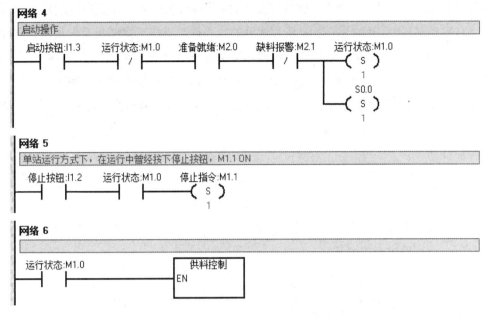

图 1.8 启动-运行-停止程序示例

在这里,请大家思考:网络 4 和网络 5 中,启动信号和停止信号为什么要用置位指令转存到 M1.0、M1.1 中?

这种做法的优点是能把启动和停止命令转化为运行状态 M1.0 和请求停止状态 M1.1 并保持,设备操作人员就不必长时间按压启动和停止按钮了。如图 1.9 所示,在网络 7 中,设备处于请求停止状态下,直到本工作周期结束,最后一步转移满足,转移到下一个循环周期的首步 S0.0 时,立即复位设备运行状态,使设备停止运行。这里要注意,需要及时复位请求停止状态 M1.1 和首步 S0.0。如果没有复位请求停止状态 M1.1,就不能重新置位运行状态 M1.0,也就是不能重新启动设备了。这样的设计下,工人按下停止按钮,本工作周期结束后,设备自动停止,操作方便,节约时间,大家应该积极掌握并灵活运用这样的程序设计方法。

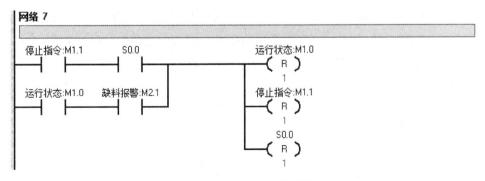

图 1.9 自动停止程序示例

在网络7中，M1.1和S0.0串联作为停止条件，其目的是什么？答案是，因为"如果没有停止条件，顺控过程将周而复始地不断循环。常见的顺序控制系统正常停止要求是接收到停止指令后，系统在完成本工作周期任务并返回到初始步后才停止下来"，将 M1.1 和 S0.0 串联作为停止条件能防止单个生产过程未完成而出现废品，对产品品质控制有积极作用。

请大家思考，如果是紧急停止或者生产过程需要随时停止（前提是不存在因产生半成品而报废的危险），停止程序应该怎样编写？

编程任务如下：

(1)请自行分析供料过程的动作和条件。运行状态下生产过程包含初始步、顶料步、推料步、推料复位步、顶料复位步（含推料完成信息反馈），也可以有不同的划分思路。

绘制供料过程顺序功能图可以参考给定的供料单元的顺序功能图（图1.10），创建并编写供料过程用户程序即供料控制程序。

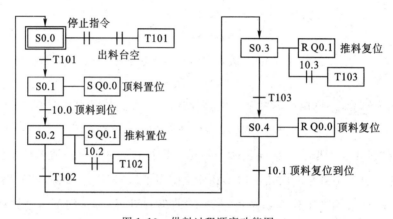

图1.10　供料过程顺序功能图

(2)创建并编写状态指示程序。

(3)在主程序中调用供料控制程序和状态指示程序。

编写供料单元控制程序，完成调试。在调试过程中，仔细观察执行机构的动作，判断动作是否正确、运行是否合理，并做好实时记录，作为分析的依据，来分析程序可能存在的问题。把调试过程中遇到的问题、解决的方法记录下来。如果程序能够实现预期的控制功能，则应该多运行几次，检查运行的可靠性以及进行程序优化。

在调试过程中,完成供料单元调试工作单,如表 1.7 所示。

表 1.7　供料单元调试工作单

工作状态		调试内容		是	否	原因
启动按钮按下后	1	HL1 指示灯是否点亮				
	2	HL2 指示灯是否点亮				
	3	物料台有料时	顶料气缸是否动作			
			推料气缸是否动作			
	4	物料台无料时	顶料气缸是否动作			
			推料气缸是否动作			
	5	料仓内物料不足时	HL1 灯是否闪烁,频率为 1 Hz			
			指示灯 HL2 是否保持常亮			
	6	料仓内没有工件时	HL1 灯是否闪烁,频率为 2 Hz			
			HL1 灯是否闪烁,频率为 2 Hz			
	7	料仓没有工件时,供料动作是否继续				
停止按钮按下后	1	HL1 指示灯是否常亮				
	2	HL2 指示灯是否熄灭				
	3	工作状态是否正常				

调试任务:

①放入工件,运行程序,看供料单元动作是否满足任务要求。

②调试各种可能出现的情况,比如在任何情况下都有可能加入工件,系统都要能可靠工作。

6. 评价反馈

请完成表1.8、表1.9和表1.10。

表1.8 自评和小组评分表

班级		组名		日期	
评价指标	评价内容		分数	自评分数	小组分数
工作感知	是否熟悉工作岗位,认同工作价值; 是否崇尚劳动光荣、技能宝贵; 在工作中是否能获得满足感		15分		
参与态度	是否积极主动参与工作,能吃苦耐劳; 是否探究式学习、自主学习,不流于形式; 是否处理好合作学习和独立思考的关系,做到有效学习		10分		
	与教师、同学之间是否相互尊重、理解、平等; 是否与人保持多向、丰富、适宜的信息交流; 是否能够倾听别人意见,与人协作共享		10分		
学习方法	学习方法是否得当; 是否能按要求正确操作; 是否有进一步学习的能力		10分		
工作过程	是否按时出勤并完成工作任务; 是否遵守管理规程; 操作过程是否符合现场管理要求		20分		
思维能力	能否发现问题、提出问题、分析问题、解决问题、创新思维		10分		
自评反馈	是否按时按质完成工作任务; 是否较好地掌握了专业知识点; 是否具有较强的信息分析能力和理解能力; 是否具有较为全面严谨的思维能力,并能条理清楚地表达		25分		
合计			100分		
有益的做法					

表1.9 教师评价表

班级		组名		姓名	
出勤情况					
评价内容	评价要点	考察要点	价值	分数	评分规则
任务描述	口述内容细节	表述仪态自然、吐字清晰	2分		表述仪态不自然或吐字模糊扣1分
		表达思路清晰、层次分明,关键词准确	3分		表达思路不清晰或关键词不准确扣1分
任务分析	依据图样分析工艺并分组分工	表述仪态自然、吐字清晰	2分		表述仪态不清晰或吐字模糊扣1分
		表达思路清晰、层次分明,关键词准确	3分		表达思路不清晰或关键词不准确扣1分
计划实施	任务准备	准备和清点工具	1分		每漏一项扣1分
		拆装工具并摆放整齐	3分		混乱摆放扣1分
		图纸摆放整齐	1分		实操期间丢、破扣1分
	执行任务	机械安装	15分		有明显不足,每一项扣1分,扣完为止
		气路连接	15分		气路连接错误,每项扣1分,扣完为止
		电路连接	20分		电路连接错误,每项扣1分,扣完为止
		编程与调试	15分		供料控制、状态指示和主程序错误各扣5分
总结	任务总结	自评分数	10分		
		小组分数	10分		
合计			100分		

表1.10 项目完成情况评分表

评分项目	评分细则
机械安装及其装配工艺(20分)	装配未完成或装配错误导致安装失败,不能成功退出物料,扣10分
	工作单元安装定位与要求不符,有紧固件松动现象,扣10分
气路连接及工艺(20分)	气路连接未完成或有错,每处扣2分
	气路连接有漏气现象,每处扣1分
	气缸节流阀调整不当,每处扣1分
	气管没有绑扎或气路连接凌乱,扣2分
电路连接及工艺(25分)	接线错误每处扣1.5分
	端子连接、插针压接不牢或超过2根导线,每处扣0.5分,端子连接处没有线号,每处扣0.5分
	电路接线没有绑扎或电路接线凌乱,扣5分
编程调试(20分)	供料控制程序:顺序功能图不正确,扣10分;顺序功能图正确但供料控制程序不正确,扣5分
	状态指示程序不正确,扣5分
	主程序不正确,扣5分
职业素养与安全意识(15分)	现场操作安全保护不符合安全操作规程,扣3分
	工具摆放及对包装物品、导线线头等的处理不符合职业岗位的要求,扣3分
	不遵守现场纪律,扣3分
	团队合作不当,扣2分
	不爱惜设备和器材,扣2分
	工位不整洁,扣2分
总分(100分)	

教师寄语

小组组员要相互配合,争分夺秒,精益求精,按工作任务书指定要求,完成各项考核任务,展示自己分析问题和解决问题的能力。我们应当向姚智慧及她的同事们学习,热爱机电一体化技术专业,怀揣匠心,练就本领,树立爱岗敬业的职业精神,领悟现代制造业的工匠精神,在知识学习和技能训练中,增长才干,德技并修。

项目一　供料单元的安装与调试

附：机械安装、气路连接、电路连接的技术操作规范，如表1.11所示。

表1.11　技术操作规范表

序号	规范要求	正确	错误
1	电缆、气管、光纤应分开绑扎		
2	当电缆、光纤和气管都来自同一个移动模块上时，可以允许它们绑扎在一起		略
3	绑扎带切割留余太长时有危险，需切割留余长度，以不割手为标准		
4	相邻两个绑扎带之间的距离为40～50 mm	略	
5	第一根绑扎带离气管连接处60(±5) mm。并且气管从接头出来，必须有10 mm以上长度与接头保持平行	略	
6	电缆线金属材料不能外露		

续表

序号	规范要求	正确	错误
7	冷压端子的金属部分长度适中		
8	电缆在走线槽里最少保留 10 cm。如果是一根短接线的话,在同一个走线槽里不要求。电缆绝缘部分应在走线槽里		

项目二　加工单元的安装与调试

项目引入

同学们，我们已经完成了自动生产线供料单元的安装与调试。那么，在完成供料单元的安装与调试过程中大家积累了哪些工作经验呢？是否掌握了装配工作的技术要点呢？让我们在完成加工单元装调工作的过程中强化这些经验吧！

任务清单

任务1　加工单元的机械安装

任务2　加工单元的气路连接

任务3　加工单元的电路连接

任务4　加工单元的编程与调试

学习目标

【知识目标】

①掌握加工单元的机械机构的组成及功能。

②掌握加工单元的气动系统组成及工作原理。

③掌握冲压气缸和直线导轨的结构特点与应用。

【技能目标】

①能依据加工单元的机械安装要求，拟定安装顺序。

②能正确选用工具完成加工单元机械机构装调。

③能读懂气动原理图，能根据工艺规范正确选用工具完成加工单元气动系统装调。

④能完成按钮、传感器、PLC、电磁阀、电源端子的安装与接线端口之间的接线。

⑤能依据工作要求，画出主程序和子程序控制流程图，能正确编写子程序。

【素质目标】

①认识国际和国产 PLC 的品牌及各品牌的优势、应用领域和市场占有率,树立 PLC 的品牌意识。

②通过任务分析、工作分配、协同操作等环节增强人际沟通、团结协作等方面的素养。

③通过规范工作流程,养成遵守劳动纪律的良好工作习惯。

④培养自主阅读产品手册获取关键信息的素养。

学前引导

重点: 完成任务 1、2、3、4。

难点: 在加工单元冲压机构和夹紧滑移机构之间有很高的定位要求,位置调试难度高。机械、气动、传感器按图纸装配完成后进行检测与调整。按照设备运行的优化模式,设计出包含运行前检查与处理、设备就绪后启动运行以及工序完成后停止的主程序;设计移植性强的加工过程子程序(方便加工任务变更时,技术人员调整程序)。

当今国际竞争十分激烈,纵观自动生产线的六大核心技术,PLC 技术是最为关键的技术之一。我们要致力于国产品牌 PLC 的整合与研发,走科技独立自主的道路,确保国家安全。

国家安全事关你我他

PLC 是自动生产线最核心的组成部分,广泛应用于多种工业自动化过程。PLC 作为"司令部",可以通过用户程序监测和控制各种工艺参数,能够根据预设条件和逻辑规则自主地做出决策和执行操作,实现生产线的高度自动化控制。利用具有联网功能的 PLC,工程师可以通过互联网发送和接收数据,实现远程监控,进一步提高了自动化过程的效率和灵活性。此外,在新一代的智能生产线上,通过将 PLC 数据上传到云端,工程师可以使用先进的数据分析和人工智能算法来优化过程、预测设备故障,这将大大提高生产效率和设备可用性。

目前,国际主流 PLC 产品都是来自德国、美国或日本的国际知名品牌,如西门子、施耐德、松下、欧姆龙、罗克韦尔等,国内 PLC 市场也仍以外资品牌为主,但伴随着国内技术的进步,国产 PLC 市场占有率有望提升。

目前我国工业和互联网使用的大部分软硬件产品都依赖进口,等于工业和信息行业命脉被别人握在手里。企业技术和装备的国产化,直接关系到产业的安全、经济的安全,而经济的安全又直接关系到整个国家的安全。所以,保卫中国工业和信息安全刻不容缓。

1. 任务分析

任务1　加工单元的机械安装

加工单元机械系统如图 2.1 所示,将加工单元拆开成组件和零件的形式,分类摆放,然后再组装成原样。

任务2　加工单元的气路连接

安装气动系统元件,按照气动系统原理图,剪裁气管,连接气路,并调试。

任务3　加工单元的电路连接

在加工单元装置侧完成各传感器、电磁阀、电源端子等引线到装置侧接线端口之间的接线,在 PLC 侧进行电源连接、I/O 点接线等。

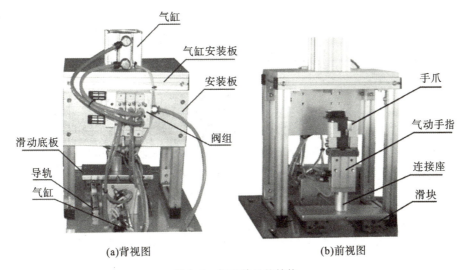

图 2.1　加工单元的结构

任务4　加工单元的编程与调试

明确加工单元单站运行要求,设计控制程序并运行调试。

难点分析:机械安装的工序安排和装配技术要求保障;分析研讨控制要求,梳理主程序和子程序结构;编写和调用子程序。

2. 任务分组

分组并填写表2.1和表2.2。

表 2.1　任务分配表

班级		组号		指导教师	
组长		学号			
姓名	学号	任务分工			

表 2.2　任务单

项目名称		加工单元安装与调试	
序号	任务名称	任务完成质量要求	
1	加工单元机械安装		
2	加工单元气路连接		
3	加工单元电路连接		
4	加工单元编程与调试		
下达时间		接受时间	完成时间
接单人		小组号	

3. 熟悉任务

任务1　加工单元的机械安装

认真阅读机械装配图,观看加工单元的装配过程,思考、掌握安装顺序,记录在下面横线上。

_____

_____

加工单元直线导轨的型号和功用:_____

_____

任务2　加工单元的气路连接

结合加工工作过程,分析气动系统原理图,把气动系统组成写在下面横线上。合理安排汇流板、电磁阀的安装位置。

_____

_____

任务3　加工单元的电路连接

查阅加工单元 PLC 的 I/O 信号表、加工单元 PLC 的 I/O 接线原理图,熟悉传感器、PLC、电磁阀、信号灯、电源端子、通信接口和电缆的接线。

传感器种类、型号、数量:_____

PLC 品牌和型号:_____

通信接口和电缆的信息:_____

任务4　加工单元的编程与调试

逐条列出控制要求,梳理程序结构。结合控制要求,确定控制流程图、选用编程指令,写在下面横线上。

_____

_____

4. 工作方案

任务1　加工单元的机械安装

机械部分安装步骤和方法:加工单元的装配过程包括两部分,一是加工机构组件装配,二是滑动加工台组件装配。加工单元装配完成后进行总装。加工机构组件装配如图2.2所示,滑动加工台组件装配如图2.3所示,整个加工单元的组装如图2.4所示。

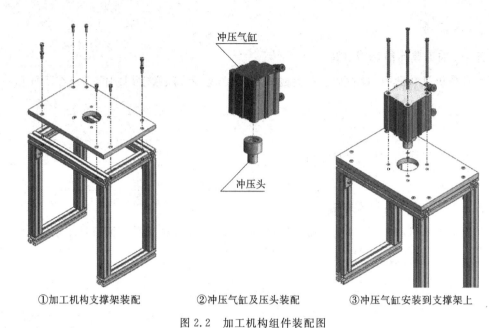

①加工机构支撑架装配　　②冲压气缸及压头装配　　③冲压气缸安装到支撑架上

图 2.2　加工机构组件装配图

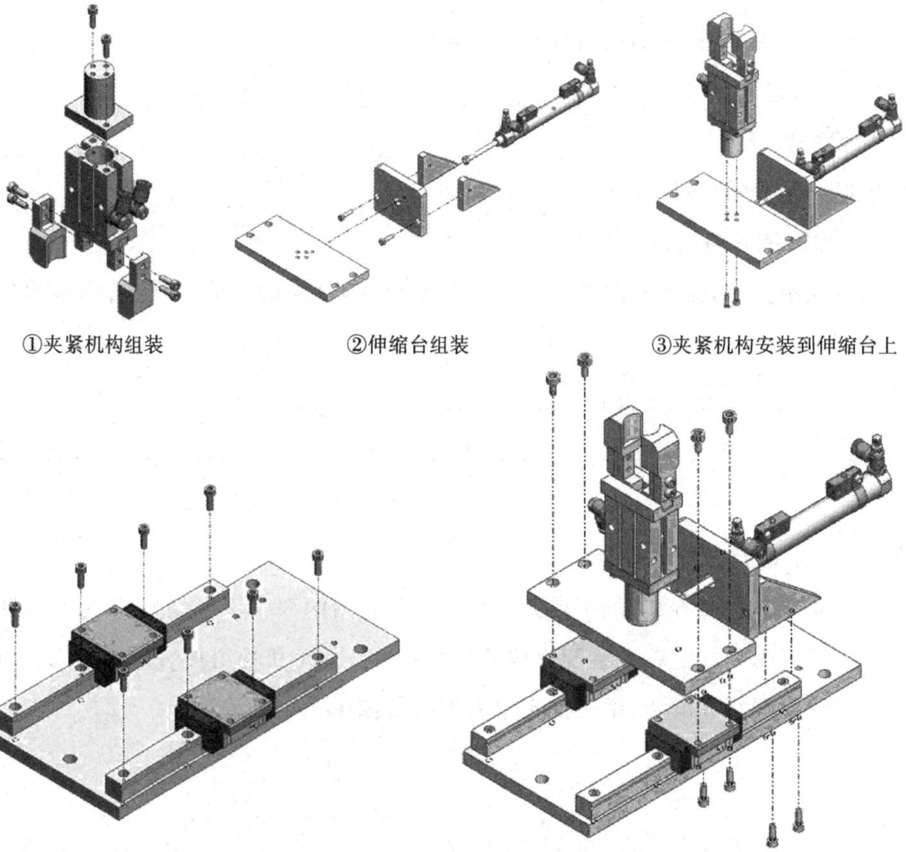

①夹紧机构组装　　②伸缩台组装　　③夹紧机构安装到伸缩台上

④直线导轨组装　　⑤加工机构安装到直线导轨上

图 2.3　加工台机械装配过程

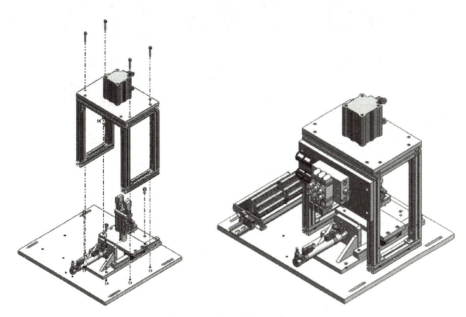

图 2.4 加工单元组装图

在完成以上各组件的装配后,首先将物料夹紧组件及运动送料部分和整个安装底板连接固定,再将铝合金支撑架安装在大底板上,最后将加工组件部分固定在铝合金支撑架上,即完成该单元的装配。

加工单元机械安装注意事项(质量检测要点):

①调整两直线导轨平行时,要一边移动安装在两导轨上的安装板,一边拧紧固定导轨的螺栓。

②如果加工组件部分的冲压头和加工台上的工件的中心没有对正,可以通过调整推料气缸旋入两导轨连接板的深度来进行对正。

写出要点或关键词:_____

_____

任务 2　加工单元的气路连接

结合图 2.5,在加工单元安装底板上依次安装汇流排、电磁阀,然后连接气动控制回路。剪裁合适长度、直径和颜色的气管,连接气源开关、汇流排、电磁阀、气缸。连接时注意气管走向应按序排布,均匀美观,不能交叉、打折;气管要在快速接头中插紧,不能够有漏气现象。

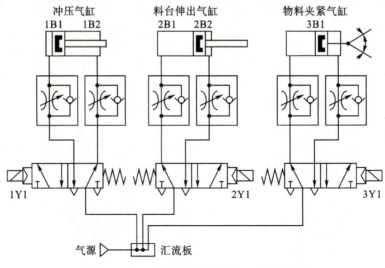

图 2.5 加工单元气动控制回路工作原理图

气路调试(质量检测要点)包括：

①用电磁阀上的手动换向锁钮调试顶料气缸和推料气缸的初始位置以及动作位置。

②调整气缸节流阀以控制活塞杆往复运动的速度，伸出速度以不推倒工件为准。

写出要点或关键词：_____

任务3 加工单元的电路连接

电气部分安装连接步骤：

①将电源、按钮模块、各传感器、PLC正确安装。

②结合加工单元装置侧的接线端口信号端子的分配表在加工单元工作装置侧连接各按钮、传感器、电磁阀、电源端子到装置侧接线端口之间的接线，加工单元装置侧的I/O接线端口上各电磁阀和传感器的引线安排如表2.3所示。

表 2.3 加工单元装置侧的接线端口信号端子的分配表

输入端口中间层			输出端口中间层		
端子号	设备符号	信号线	端子号	设备符号	信号线
2	SC1	加工台物料检测	2	3Y	夹紧电磁阀
3	3B1	工件夹紧检测	3	—	—
4	2B2	加工台伸出到位	4	2Y	伸缩电磁阀
5	2B1	加工台缩回到位	5	1Y	冲压电磁阀
6	1B1	加工压头上限			
7	1B2	加工压头下限			

项目二　加工单元的安装与调试

结合加工单元I/O信号分配表(表2.4)和PLC的电气控制原理图(图2.6)，完成PLC侧的接线，包括电源、PLC的I/O点与PLC侧端口、PLC侧端口和装置侧接口、PLC的I/O点与按钮指示灯模块之间的接线。

写出要点或关键词：_____

肩负时代使命——自立自强，把关键核心技术掌握在自己手中

实践反复告诉我们，关键核心技术是要不来、买不来、讨不来的。只有把关键核心技术掌握在自己手中，才能从根本上保障国家经济安全、国防安全和其他安全。对此，我国政府不断加大扶持力度，对国产PLC的发展给予引导，从政策、资金、技术、税收等方面予以支持。对国产PLC厂商进行整合，组建中国自动化集团公司，充分利用现有资源进行技术开发，激发国内的创新活力和潜力，推动软件技术的不断进步和突破，形成具有自主知识产权和核心竞争力的软件品牌，积极参与国际化竞争。目前，国产优秀PLC品牌各有优势和特点，与国际诸多大品牌在同一舞台上竞技不骄傲，不让步，并且越来越好。

表2.4　加工单元PLC的I/O信号分配表

输入信号						输出信号					
序号	PLC输入点	信号名称	端子号	设备符号	信号来源	序号	PLC输出点	信号名称	端子号	设备符号	信号来源
1	I0.0	加工台物料检测	2	SC1	装置侧	1	Q0.0	夹紧电磁阀	2	3Y	装置侧
2	I0.1	工件夹紧检测	3	3B2		2	Q0.1	—	3	—	
3	I0.2	加工台伸出到位	4	2B2		3	Q0.2	料台伸缩电磁阀	4	2Y	
4	I0.3	加工台缩回到位	5	2B1		4	Q0.3	加工压头电磁阀	5	1Y	
5	I0.4	加工压头上限	6	1B1		5	Q0.4	—	—	—	
6	I0.5	加工压头下限	7	1B2		6	Q0.5	—	—	—	
7	I0.6	—	—	—		7	Q0.6	—	—	—	
8	I0.7	—	—	—		8	Q0.7	—	—	—	
9	I1.0	—	—	—		9	Q1.0	正常工作指示			按钮/指示灯模块
10	I1.1	—	—	—		10	Q1.1	运行指示			
11	I1.2	停止按钮			按钮/指示灯模块						
12	I1.3	启动按钮									
13	I1.4	急停按钮									
14	I1.5	单站/全线									

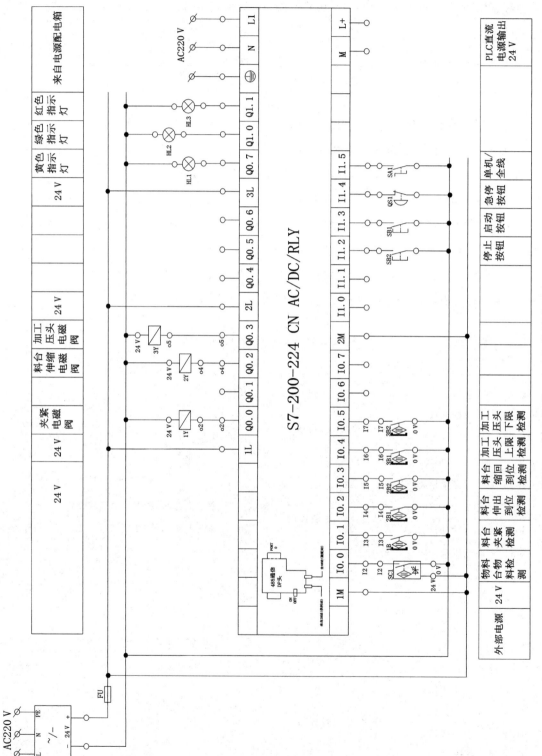

图 2.6 加工单元 PLC 电气控制原理图

任务4 加工单元的编程与调试

加工单元主程序流程与供料单元类似,也是 PLC 上电后应首先进入初始状态检查阶段,确认系统已经准备就绪后,才允许接收启动信号投入运行。但加工单元工作任务中增加了急停功能,急停按钮未按状态下才允许调用加工控制子程序。当在运行过程中按下急停按钮时,立即停止调用加工控制子程序,但急停前,当前步的 S 元件仍在置位状态,急停复位后,就能从断点开始继续运行。

加工单元单站运行控制的主程序结构如图 2.7 所示。主程序由初态检查、状态显示、启停控制、加工过程四部分组成。

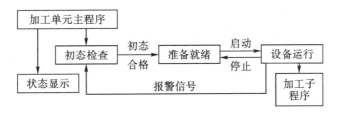

图 2.7 加工单元单站运行控制主程序结构

加工单元的控制要求如下。

(1)初始状态:设备上电和气源接通后,滑动加工台伸缩气缸处于伸出位置,加工台气动手爪处于松开状态,冲压气缸处于缩回位置,急停按钮没有按下。

若设备在上述初始状态,则"正常工作"指示灯 HL1 常亮,表示设备准备好。否则,该指示灯以 1 Hz 频率闪烁。

(2)若设备准备好,按下启动按钮,设备启动,"设备运行"指示灯 HL2 常亮。当待加工工件送到加工台上并被检出后,设备执行将工件夹紧,送往加工区域冲压,完成冲压动作后返回待料位置的工件加工工序。如果没有停止信号输入,当再有待加工工件送到加工台上时,加工单元又开始下一周期工作。

(3)在工作过程中,若按下停止按钮,加工单元在完成本周期的动作后停止工作,HL2 指示灯熄灭。

5. 任务实施

任务开始前,清点、检查技术图纸、劳动工具、装配元件是否完备,团队变换分工,交流心得,快速训练新技能。做好过程笔记,做好劳动保护。

1)认识加工单元各个组成部分元件

在供料过程中,加工单元各个组成部分元件起到什么作用?

2) 安装前准备

把加工单元机械、气动、传感器、电气部分有序拆卸,分类摆放,文明生产。

3) 加工单元机械、气动、电气安装与接线

把加工单元机械、气动、传感器、电气部分按照顺序安装、紧固和连接,检查接线是否错误,检验系统是否能正常工作并适当调整。写出装调过程中出现的错误和改正措施。

_____

_____

4) 加工单元的编程与调试

加工单元的工作流程也要遵循运行前检查、准备就绪的前提下启动运行、一个完整的生产过程结束后停止运行等要求。因此加工单元的主程序可以参照供料单元的主程序编写。为了记忆、编写、修改程序方便,在不同工作单元里实现相似的功能时,程序里最好选用相同的 M 元件实现。

编程任务如下:

(1) 请仿照供料单元初态检查程序(图 2.8),完成加工单元初态检查程序和启停控制(不要求完成单机、联机方式切换)。

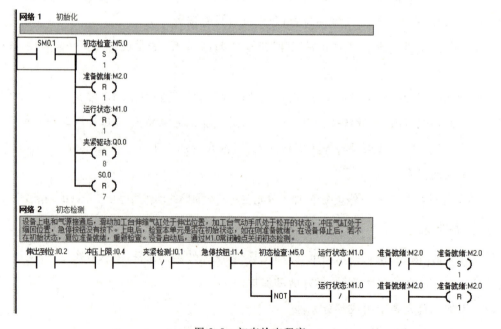

图 2.8 初态检查程序

运行初态检查程序,填写加工单元初态调试工作单(表2.5)。

①调整气动部分,检查气路是否正确、气压是否合理、气缸的动作速度是否合理。

②检查磁性开关的安装位置是否到位,磁性开关工作是否正常。

③检查I/O接线是否正确。

④检查光电传感器安装是否合理、灵敏度是否合适,保证检测的可靠性。

⑤放入工件,运行程序,看加工单元动作是否满足任务要求。

⑥调试各种可能出现的情况,比如在任何情况下都有可能加入工件,系统都要能可靠工作。

表2.5　加工单元初态调试工作单

	调试内容	是	否	原因
1	物料台是否处于有工件状态			
2	物料夹紧气缸是否处于松开状态			
3	物料夹紧气缸是否处于伸出状态			
4	冲压气缸是否处于上线状态			
5	HL1指示灯状态是否正常			
6	HL2指示灯状态是否正常			

(2)加工过程也是一个顺序控制,其步进流程图如图2.9所示。

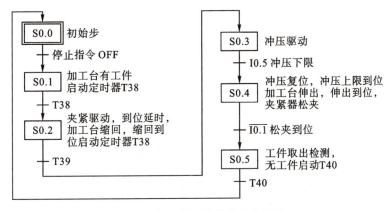

图2.9　加工单元单站步进流程图

从流程图可以看到,当一个加工周期结束,只有加工好的工件被取走后,程序才能返回S0.0步,必须保障这一点,才能避免重复加工,否则加工台有多个工件会造成事故。

请画出加工过程子程序梯形图并调试。

(3)在主程序(图2.10)中补充状态指示程序网络,完成调试并填写运行状态调试工作单(表2.6)。

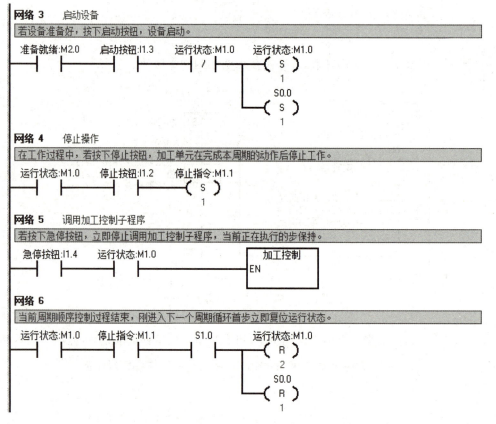

图2.10 主程序

表 2.6　加工单元调试工作单

工作状态		调试内容		是	否	原因
启动按钮按下后	1	HL1 指示灯是否点亮				
	2	HL2 指示灯是否点亮				
	3	物料台无料时	夹紧气缸是否动作			
			物料台气缸是否动作			
			冲压气缸是否动作			
	4	物料台有料时	夹紧气缸是否动作			
			物料台气缸是否动作			
			冲压气缸是否动作			
	5	料仓内没有工件时	HL1 灯是否闪烁，频率为 2 Hz			
			HL2 灯是否闪烁，频率为 2 Hz			
	6	单个周期工作完成后是否循环				
停止按钮按下后	1	HL1 指示灯是否常亮				
	2	HL2 指示灯是否熄灭				
	3	工作状态是否正常				

调试任务：

①放入工件，运行程序，看加工单元动作是否满足任务要求。

②调试各种可能出现的情况，比如在任何情况下都有可能加入工件，系统都要能可靠工作。

6. 评价反馈

请完成表 2.7、表 2.8 和表 2.9。

表 2.7　自评和小组评分表

班级		组名		日期	
评价指标	评价内容		分数	自评分数	小组分数
工作感知	是否熟悉工作岗位，认同工作价值； 是否崇尚劳动光荣、技能宝贵； 在工作中是否能获得满足感		15 分		
参与态度	是否积极主动参与工作，能吃苦耐劳； 是否探究式学习、自主学习，不流于形式； 是否处理好合作学习和独立思考的关系，做到有效学习		10 分		
	与教师、同学之间是否相互尊重、理解、平等； 是否与人保持多向、丰富、适宜的信息交流； 是否能够倾听别人意见，与人协作共享		10 分		
学习方法	学习方法是否得当； 是否能按要求正确操作； 是否有进一步学习的能力		10 分		
工作过程	是否按时出勤并完成工种任务； 是否遵守管理规程； 操作过程是否符合现场管理要求		20 分		
思维能力	能否发现问题、提出问题、分析问题、解决问题、创新思维		10 分		
自评反馈	是否按时按质完成工作任务； 是否较好地掌握了专业知识点； 是否具有较强的信息分析能力和理解能力； 是否具有较为全面严谨的思维能力，并能条理清楚地表达		25 分		
	合计		100 分		
有益的做法					

表 2.8 教师评价表

班级		组名		姓名	
出勤情况					
评价内容	评价要点	考察要点	价值	分数	评分规则
任务描述	口述内容细节	表述仪态自然、吐字清晰	2分		表述仪态不自然或吐字模糊扣1分
		表达思路清晰、层次分明,关键词准确	3分		表达思路不清晰或关键词不准确扣1分
任务分析	依据图样分析工艺并分组分工	表述仪态自然、吐字清晰	2分		表述仪态不自然或吐字模糊扣1分
		表达思路清晰、层次分明,关键词准确	3分		表达思路不清晰或关键词不准确扣1分
计划实施	任务准备	准备和清点工具	1分		每漏一项扣1分
		拆装工具并摆放整齐	3分		混乱摆放扣1分
		图纸摆放整齐	1分		实操期间丢、破扣1分
	执行任务	机械安装	15分		有明显不足,每一项扣1分,扣完为止
		气路连接	15分		气路连接错误,每项扣1分,扣完为止
		电路连接	20分		电路连接错误,每项扣1分,扣完为止
		编程与调试	15分		启停控制、状态指示和主程序错误各扣5分
总结	任务总结	自评分数	10分		
		小组分数	10分		
合计			100分		

表 2.9　项目完成情况评分表

评分项目	评分细则
机械安装及 其装配工艺 （25分）	装配未完成或装配错误导致安装失败，扣5分
	夹紧机构不能正确夹紧工件，扣5分
	伸缩台伸出定位不准确，扣5分
	直线传动组件装配、调整达不到精度要求，导致无法运行，扣5分
	冲压气缸和伸缩台伸出位置精度调试不达标，冲压出工件废品率高，扣5分
气路连接及工艺 （20分）	气路连接未完成或有错，每处扣2分
	气路连接有漏气现象，每处扣1分
	气缸节流阀调整不当，每处扣1分
	气管没有绑扎或气路连接凌乱，扣5分
电路连接及工艺 （20分）	接线错误每处扣1.5分
	端子连接、插针压接不牢或超过2根导线，每处扣0.5分
	端子连接处没有线号，每处扣0.5分
	电路接线没有绑扎或电路接线凌乱，扣5分
编程调试 （20分）	初态检查程序不正确，扣10分
	加工控制程序不正确，扣10分
职业素养与 安全意识 （15分）	现场操作安全保护不符合安全操作规程，扣3分
	工具摆放及对包装物品、导线线头等的处理不符合职业岗位的要求，扣3分
	不遵守现场纪律，扣3分
	团队合作不当，扣2分
	不爱惜设备和器材，扣2分
	工位不整洁，扣2分
总分（100分）	

教师寄语

目前国内应用的主要还是外国品牌的PLC，这对保障国家安全是很不利的。同学们，大家既要扎实学习，吸收利用世界先进科技技术，又要刻苦钻研，砥砺奋进，脚踏实地学习机电装备安装与调试的技能，走技能成才、技能报国之路。

项目三 装配单元的安装与调试

项目引入

同学们,我们已经完成了供料单元和加工单元的安装与调试。在完成项目任务的过程中已经掌握了如何高效地分析机械、气动、电气图纸,按照技术规范选用恰当的工具实施机械气动机构装调和电气线路接线与检测。但是装配单元的机构庞杂、位置精度要求高,芯料供给、芯料摆送、机械手装配的生产工艺关系复杂,需要大家事前研讨分析透彻、装调工艺顺序明晰、操作过程精准,这样才能少出错、少修改、少耗时,才能保障质量、提高效率,否则事倍而功半。也就是说在这个项目里大家要培养复杂机电设备的安装与调试技能,只有事前"谋定而后动",理论指导实践,才能得心应手,水到渠成。让我们在完成装配单元装调工作的过程中尝试练就"知行合一、心手合一"吧!

任务清单

任务1 装配单元的机械安装

任务2 装配单元的气路连接

任务3 装配单元的电路连接

任务4 装配单元的编程与调试

学习目标

【知识目标】

①掌握装配单元的机械机构的组成及功能。

②掌握装配单元的气动系统组成及工作原理。

③掌握机械手结构及其应用。

【技能目标】

①能依据机械安装要求,拟定安装顺序,正确选用工具完成供料单元机械机构装调。

②能读懂气动原理图,能遵守工艺规范,正确选用工具完成供料单元气动系统装调。

③能读懂电气控制原理图,能完成按钮、传感器、PLC、电磁阀、电源端子的安装、紧固与接线端口之间的接线。

④能依据工作要求,画出主程序和子程序流程图,能正确编写子程序。

【素质目标】

①树立爱岗敬业的职业精神、精益求精的品质精神、用户至上的服务精神、追求卓越的创新精神。

②提升团队合作精神、质量意识、环保意识、经济意识和职业素养。

③在打扫实训室场地,规范领取、归还工具等日常工作中,提高劳动意识。

④听党话、跟党走、有理想、敢担当、能吃苦、肯奋斗。

学前引导

重点: 完成任务1、2、3、4。

难点: 装配单元落料机构、回转物料台和装配机械手定位要求高,位置调试难度高。传感器信号会相互干扰,按图纸装配完成后要检测与调整。按照设备运行的优化模式,设计出包含运行前检查与处理、设备就绪后启动运行及工序完成后停止的主程序;处理落料子程序、机械手装配子程序以及摆台、摆料的关系。

在完成装配单元任务的过程中,大家会明显感觉到任务的复杂度、难度增高,要做好充足的心理准备,坚定干一行、爱一行、钻一行、精一行的信念,人人皆可成才,人人皆能成才,只要我们不急功近利、不浮躁,静下心来,专注于我们的工作,经过不断积累与沉淀,我们就能实现"逆袭"。让我们在训练中打磨自己处理复杂机电设备的综合职业能力。今日在实训室里有多努力,未来我们在职场上就多有力量!

青春之歌——从普通钳工到首席技能专家

2022年"大国工匠年度人物"郑志明是广西汽车集团有限公司的一名钳工。他凭借敢于创新、不断突破自我的精神,在岗位上磨炼技艺,勇担重任,带领团队攻克多项"卡脖子"技术,实现科技自立自强。

郑志明毕业于柳州微型汽车厂中等职业技术学校,从事钳工25年,从普通钳工成长为集团首席技能专家,并带领国家级技能大师工作室团队,完成创新项目1100项,交付自动化工艺装备2190台(套),自主研制完成工艺装备900多项,参与设计制造自动化生产线10多条。

郑志明长期扎根生产一线,始终秉持干一行、爱一行、钻一行、精一行的信念,从一名钳工学徒逐渐成长为技术能手,最终更是成为广西汽车集团首席技能专家、国家级技能大师工作室负责人,是产业工人的优秀代表。

"只有不断学习各种技能,掌握更多先进技术,才能与时代同行,把中国的智能制造推向世界。"郑志明说。

1. 任务分析

任务1　装配单元的机械安装

装配单元机械系统结构如图3.1所示,将装配单元拆开成组件和零件的形式,分类摆放,然后再组装成原样。

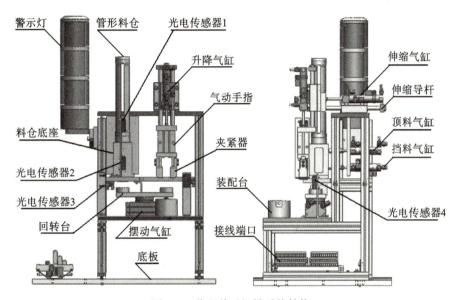

图3.1　装配单元机械系统结构

任务2　装配单元的气路连接

安装气动系统元件,按照气动系统原理图剪裁气管、连接气路并调试。

任务3　装配单元的电路连接

在装配工作单元装置侧完成各传感器、电磁阀、电源端子等引线到装置侧接线端口之间的接线,在PLC侧进行电源连接、I/O点接线等。

任务4　装配单元的编程与调试

明确装配单元单站运行要求,设计控制程序并运行调试。

难点分析:依据装配技术要求安排机械安装的工序;分析研讨控制要求,梳理主程序和子程序结构;编写和调用子程序。

2. 任务分组

分组并填写表3.1和表3.2。

表3.1 任务分配表

班级		组号		指导教师	
组长		学号			
姓名	学号	任务分工			

表3.2 任务单

项目名称		装配单元安装与调试		
序号	任务名称	任务完成质量要求		
1	装配单元机械安装			
2	装配单元气路连接			
3	装配单元电路连接			
4	装配单元编程与调试			
下达时间		接受时间		完成时间
接单人		小组号		

3. 熟悉任务

任务1　装配单元的机械安装

认真阅读机械装配图,分析出安装基准、位置关系、精度要求、安装顺序,写在下面横线上。先把零件装成组件,再把组件组装起来。

_____
_____
_____

任务2　装配单元的气路连接

结合装配工作过程,分析气动系统原理图,写在下面横线上。合理安排汇流板、电磁阀的安装位置。

_____
_____
_____
_____

任务3　装配单元的电路连接

查阅装配单元PLC的I/O信号表、装配单元PLC的I/O接线原理图,熟悉传感器、PLC、电磁阀、信号灯、电源端子、通信接口和电缆的接线。

传感器种类、型号、数量:_____
_____

PLC品牌和型号:_____
_____

通信接口和电缆的信息:_____
_____

任务4　装配单元的编程与调试

逐条列出控制要求,梳理程序结构,结合控制要求,确定控制流程图,选用编程指令,写在下面横线上。

_____
_____
_____
_____

4. 工作方案

任务 1　装配单元的机械安装

机械部分的安装步骤和方法：装配单元元器件较多，结构较为复杂。为了减小安装的难度和提高安装时的效率，在装配前应认真分析该结构组成，研究装配工艺，深入思考，做好记录。先把零件装成组件，如图 3.2 所示，再进行总装。

小工件供料组件　　　装配回转台组件　　　装配机械手组件

小工件料仓组件　　　左支撑架组件　　　右支撑架组件

图 3.2　装配单元装配过程的组件

装配单元机械安装的注意事项（质量检测要点）：

①在完成以上组件的装配后，将与底板接触的型材放置在底板的连接螺纹之上，使用"L"形的连接件和连接螺栓，固定装配站的型材支撑架。如图 3.3 所示。

图 3.3　框架组件在底板上的安装

②然后逐个安装组件(装配回转台组件→小工件料仓组件→小工件供料组件→装配机械手组件)。

③最后,安装警示灯及各传感器,从而完成机械部分装配。注意摆台的初始位置,以免装配完毕摆动角度不到位。

④螺栓的放置位置一定要预留足够,以免因组件之间位置不足不能完成安装;建议先进行装配,但不要拧紧各固定螺栓,待相互位置基本确定后,再依次进行调整、固定。

写出要点或关键词:_____

_____

任务2 装配单元的气路连接

结合图3.4,在装配单元安装底板上依次安装汇流排、电磁阀,然后连接气动控制回路。剪裁合适长度、直径和颜色的气管,连接气源开关、汇流排、电磁阀、气缸。连接时注意气管走向应按序排布,均匀美观,不能交叉、打折;气管要在快速接头中插紧,不能够有漏气现象。

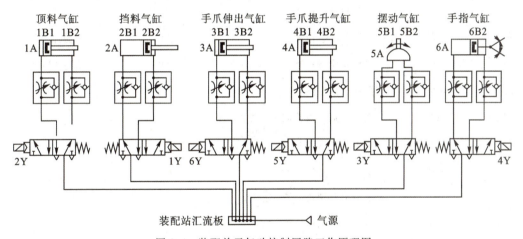

图3.4 装配单元气动控制回路工作原理图

气路调试(质量检测要点)包括:

①用电磁阀上的手动换向锁钮调试顶料气缸和推料气缸的初始位置以及动作位置。

②调整气缸节流阀以控制活塞杆往复运动的速度,伸出速度以不推倒工件为准。

写出要点或关键词:_____

_____

任务3 装配单元的电路连接

电气部分安装连接步骤如下:

①将电源、按钮模块、各传感器、PLC正确安装。

②结合装配单元装置侧接线端口信号端子分配表,在装配单元工作装置侧连接各按钮、传感器、电磁阀、电源端子到装置侧接线端口之间的接线;装配单元装置侧的 I/O 接线端口上各电磁阀和传感器的引线安排如表 3.3 所示。

表 3.3 装配单元装置侧接线端口信号端子分配表

输入端口中间层			输出端口中间层		
端子号	设备符号	信号线	端子号	设备符号	信号线
2	SC1	零件不足检测	2	1Y	挡料电磁阀
3	SC2	零件有无检测	3	2Y	顶料电磁阀
4	SC3	左料盘零件检测	4	3Y	回转电磁阀
5	SC4	右料盘零件检测	5	4Y	手爪夹紧电磁阀
6	SC5	装配台工件检测	6	5Y	手爪下降电磁阀
7	1B1	顶料到位检测	7	6Y	手臂伸出电磁阀
8	1B2	顶料复位检测	8	AL1	红色警示灯
9	2B1	挡料状态检测	9	AL2	橙色警示灯
10	2B2	落料状态检测	10	AL3	绿色警示灯
11	5B1	摆动气缸左限检测	11	—	—
12	5B2	摆动气缸右限检测	12	—	—
13	6B2	手爪夹紧检测	13	—	—
14	4B2	手爪下降到位检测	14	—	—
15	4B1	手爪上升到位检测			
16	3B1	手臂缩回到位检测			
17	3B2	手臂伸出到位检测			

结合装配单元 I/O 信号分配表(表 3.4)、PLC 的电气控制原理图(图 3.5),完成 PLC 侧的接线,包括电源、PLC 的 I/O 点与 PLC 侧端口、PLC 侧端口和装置侧接口、PLC 的 I/O 点与按钮指示灯模块之间的接线。

写出要点或关键词:_____

_____

_____

表 3.4　装配单元 PLC 的 I/O 信号分配表

输入信号				输出信号			
序号	PLC 输入点	信号名称	信号来源	序号	PLC 输入点	信号名称	信号来源
1	I0.0	零件不足检测	装置侧	1	Q0.0	挡料电磁阀	装置侧
2	I0.1	零件有无检测		2	Q0.1	顶料电磁阀	
3	I0.2	左料盘零件检测		3	Q0.2	回转电磁阀	
4	I0.3	右料盘零件检测		4	Q0.3	手爪夹紧电磁阀	
5	I0.4	装配台工件检测		5	Q0.4	手爪下降电磁阀	
6	I0.5	顶料到位检测		6	Q0.5	手臂伸出电磁阀	
7	I0.6	顶料复位检测		7	Q0.6	红色警示灯	
8	I0.7	挡料状态检测		8	Q0.7	橙色警示灯	
9	I1.0	落料状态检测		9	Q1.0	绿色警示灯	
10	I1.1	摆动气缸左限检测		10	Q1.1	—	—
11	I1.2	摆动气缸右限检测		11	Q1.2	—	—
12	I1.3	手爪夹紧检测		12	Q1.3	—	—
13	I1.4	手爪下降到位检测		13	Q1.4	—	—
14	I1.5	手爪上升到位检测		14	Q1.5	HL1	按钮/指示灯模块
15	I1.6	手臂缩回到位检测		15	Q1.6	HL2	
16	I1.7	手臂伸出到位检测		16	Q1.7	HL3	
17	I2.4	停止按钮	按钮/指示灯模块				
18	I2.5	启动按钮					
19	I2.6	急停按钮					
20	I2.7	单机/联机					

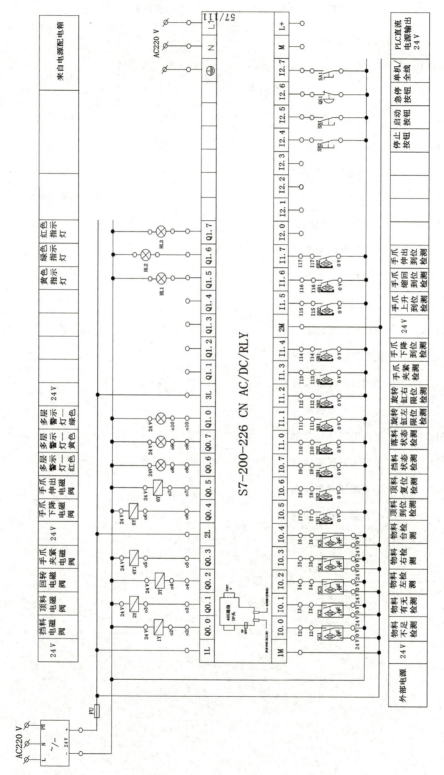

图 3.5 装配单元 PLC 电气控制原理图

扎根企业发展沃土，凝聚奋进力量

完成自动化生产线的机械机构组装、精度检验和调整是生产线能顺利运行的前提。实训中，我们不但要遵守装配工艺，还要锻炼出精湛的装配手艺，这方面要向行业模范人物郑志明看齐。

1997年，郑志明进入广西汽车集团，成为一名学徒钳工。研磨、锉削、划线、钻削，年复一年，郑志明在与钢铁对话中练就了精湛技艺，用二十余载的时光坚守在一线打磨"中国精度"，他的手工锉削精度达到了0.003 mm，对零部件的加工精度可以控制在0.002 mm，这相当于头发丝的1/40。正是这些技艺，在最考验钳工功力的设备装配和调试工作中，郑志明得心应手。

2017年，40岁的郑志明挑起大梁，带头承担广西汽车集团车桥厂微型汽车后桥壳自动化焊接生产线的攻关研发任务。这条生产线由机加工、机件焊接工作站等二十多道工序组成，每一台设备的零部件都是靠手工组装调试完成。从整体布局到每个环节的设计，再到零部件的加工、装配，这一庞大复杂工程的每一道工序，都凝结了郑志明的心血。这条填补了国内空白的生产线，是郑志明和工友们心中的骄傲。

党的二十大报告提出，必须坚持科技是第一生产力、人才是第一资源、创新是第一动力。大家要树立技能成才的强大信心，以勇毅前行的精神状态、乐观向上的人生态度，强技报国，凝聚奋进力量。

任务4 装配单元的编程与调试

1) 装配单元的控制要求

(1) 装配单元各气缸的初始位置为：挡料气缸处于伸出状态，顶料气缸处于缩回状态，料仓上已经有足够的小圆柱零件；装配机械手的升降气缸处于提升状态，伸缩气缸处于缩回状态，气爪处于松开状态。设备上电且气源接通后，若各气缸满足初始位置要求，料仓上已经有足够的小圆柱零件且工件装配台上没有待装配工件，则"正常工作"指示灯HL1常亮，表示设备准备好。否则，该指示灯以1 Hz频率闪烁。

(2) 若设备准备好，按下启动按钮，装配单元启动，"设备运行"指示灯HL2常亮。如果回转台上的左料盘内没有小圆柱零件，就执行下料操作；如果左料盘内有零件，而右料盘内没有零件，执行回转台回转操作。

(3) 如果回转台上的右料盘内有小圆柱零件且装配台上有待装配工件，执行装配机械手抓取小圆柱零件放入待装配工件中的操作。

(4) 完成装配任务后，装配机械手应返回初始位置，等待下一次装配。

(5)若在运行过程中按下停止按钮,则供料机构应立即停止供料,在装配条件满足的情况下,装配单元在完成本次装配后停止工作。

(6)在运行中发生"零件不足"报警时,指示灯 HL3 以 1 Hz 的频率闪烁,HL1 和 HL2 灯常亮;在运行中发生"零件没有"报警时,指示灯 HL3 以亮 1 s 灭 0.5 s 的方式闪烁,HL2 熄灭,HL1 常亮。

2)装配单元单站运行控制的编程思路

在运行状态,工作过程包括供料过程和装配过程。

供料过程就是通过供料机构的操作,使料仓中的小圆柱零件落下到摆台左边料盘上;然后摆台转动,使装有零件的料盘转移到右边,以便装配机械手抓取零件。

装配过程是当装配台上有待装配工件,且装配机械手下方有小圆柱零件时,进行装配操作。

供料控制过程包含两个联锁的过程,即落料过程和摆台转动、料盘转移的过程。在小圆柱零件从料仓下落到左料盘的过程中,禁止摆台转动;反之,在摆台转动过程中,禁止打开料仓(挡料气缸缩回)落料。实现联锁的方法是:①当摆台的左限位或右限位磁性开关动作并且左料盘没有料,经定时确认后,开始落料过程;②当挡料气缸伸出到位使料仓关闭、左料盘有物料而右料盘为空,经定时确认后(请在程序调试过程中理解为何需要定时),开始摆台转动,直到达到限位位置。

可以根据各步之间的条件来控制落料和摆台转动过程。需要注意的是,摆台是由摆动气缸驱动的,只实现 180°摆动,不能连续旋转。在相邻两个摆料的循环过程中,要求一次是摆出,另一次是摆回,即摆动气缸置位和复位,可以参照图 3.6 所示程序段。其中上升沿指令是必须的,否则摆动气缸将往复摆动。

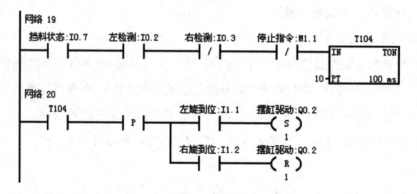

图 3.6 落料和摆台转动控制程序

大家可以先不加上升沿指令,运行程序观察摆动气缸的运动过程。然后再总结为什么上升沿指令能解决这种问题,从而提炼出上升沿指令的应用技巧。

5.任务实施

1)认识装配单元各个组成部分元件

在装配过程中,装配单元各个组成部分元件起到什么作用?

_____

_____

2)安装前准备

把装配单元机械、气动、传感器、电气部分有序拆卸,分类摆放,文明生产。

3)装配单元机械、气动、电气安装与接线

把装配单元机械、气动、传感器、电气部分按照顺序安装、紧固和连接,检查接线是否错误,并检验是否能正常工作和适当调整。填写装调过程中出现的错误和改正措施。

_____

_____

4)装配单元的编程与调试

(1)分析装配单元单机运行初态检查程序(图3.7)。

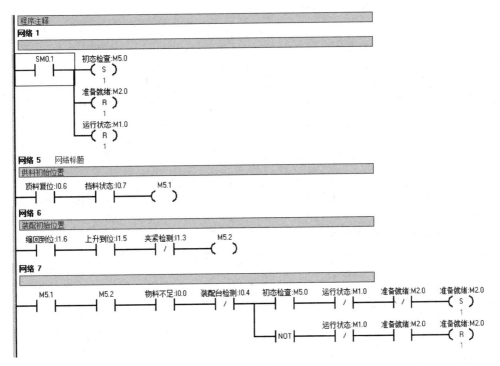

图3.7 装配单元初态检查程序

由于装配单元初态检查涉及多个气动执行元件状态和物料状态,若把这些检查元件写在一行程序中,会超出允许输入元件数量的上限。为此,采用网络 5 和网络 6 进行信号转存。

现在还有一个问题需要解决:有多个因素影响到初态检查结果,假设系统启动时初态检查结果是不满足,工程人员怎样高效地判定是哪个或者哪些元件状态不符合要求,然后快速调试解决?

在这里和大家分享一种十分高效便捷的方法。就是通过打开程序运行状态监控,查看初态检查程序段,看看哪些元件没有导通,从而找到需要调试的元件。

运行初态检查程序,填写装配单元初态调试工作单(表 3.5)。

①调整气动部分,检查气路是否正确,气压是否合理,气缸的动作速度是否合理。

②检查磁性开关的安装位置是否到位,磁性开关工作是否正常。

③检查 I/O 接线是否正确。

④检查传感器安装是否合理,灵敏度是否合适,保证检测的可靠性。

⑤放入工件,运行程序,看装配单元动作是否满足任务要求。

表 3.5　装配单元初态调试工作单

	调试内容	是	否	原因
1	顶料气缸是否处于缩回状态			
2	挡料气缸是否处于伸出状态物			
3	料仓内物料是否充足			
4	回转台位置是否正确			
5	手臂导向气缸是否处于缩回状态			
6	手爪导向气缸是否处于提升状态			
7	手爪气缸是否处于松开状态			
8	物料台是否处于无工件状态			
9	HL.1 指示灯状态是否正常			
10	HL.2 指示灯状态是否正常			

进入运行状态后,装配单元的工作过程包括 2 个相互独立的子过程,一个是供料过程,另一个是装配过程。在主程序中,当初始状态检查结束,确认单元准备就绪,按下启动按钮进入运行状态后,应同时调用供料控制和装配控制两个子程序。

请仿照前例完成装配单元启停控制,控制要求如下。

①对于供料过程的落料控制,在料仓关闭且顶料气缸复位到位即返回到初始步后停止下次落料,并复位落料初始步。

②对于摆台转动控制,一旦发出停止指令,则应立即停止摆台转动。

③仅当落料机构和装配机械手均返回到初始位置,才能复位运行状态标志和停止指令。

注意:按下启动按钮时,要激活(初始置位)供料初始步和装配初始步;停止时,也要等到子程序内转移到供料初始步和装配初始步时才分别停止供料子程序和装配子程序。

(2)装配单元的供料过程的落料控制和装配控制过程都是单序列步进顺序控制,先设计出顺序功能图,再设计出装配单元的供料过程和装配过程子程序。一种工艺方案是供料控制过程包含落料过程和摆台转动使料盘转移的过程,也就是把摆料过程作为供料控制过程的一个步。在小圆柱零件从料仓下落到左料盘的过程中,禁止摆台转动;反之,在摆台转动过程中,禁止打开料仓(挡料气缸缩回)落料。实现联锁的方法如下。

①当摆台的左限位或右限位磁性开关动作并且左料盘没有料,经定时确认后开始落料过程。

②当挡料气缸伸出到位使料仓关闭、左料盘有物料而右料盘为空,经定时确认后开始摆台转动,直到达到限位位置。这里程序设计有些困难,"摆动步"内动作的部分参考程序如图 3.8 所示。

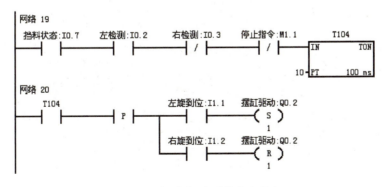

图 3.8 "摆动步"内动作参考程序

请设计供料控制过程子程序。

另一种工艺方案是把摆料过程独立出来。只要左料盘有物料(左检测 I0.2 有工件)且右料盘为空(右检测 I0.3 没有工件),定时确认后把工件摆送到右侧。这种工艺方案的优点是方便在初态检查复位时,清理走摆台上的芯料。

请设计装配控制过程子程序。

(3) 编写装配单元控制程序后调试并填写运行状态调试工作单(表 3.6)。

表 3.6 装配单元调试工作单

工作状态			调试内容	是	否	原因
启动按钮按下后	1		HL1 指示灯是否点亮			
	2		HL2 指示灯是否点亮			
	3	物料台有料时	顶料气缸是否动作			
			推料气缸是否动作			
	4	物料台无料时	顶料气缸是否动作			
			推料气缸是否动作			
	5	料仓内物料不足时	HL1 灯是否闪烁,频率为 1 Hz			
			指示灯 HL2 是否保持常亮			
	6	料仓内没有工件时	HL1 灯是否闪烁,频率为 2 Hz			
			HL1 灯是否闪烁,频率为 2 Hz			
	7	右料盘无料时	料仓没有工件时,供料动作是否继续			
	8	物料台有工件时	手臂导向气缸是否动作			
			手爪导向气缸是否动作			
			手爪气缸是否动作			
	9	物料台无工件时	手臂导向气缸是否动作			
			手爪导向气缸是否动作			
			手爪气缸是否动作			
	10		料仓没有工件时,供料动作是否继续			
停止按钮按下后	1		HL1 指示灯是否常亮			
	2		HL2 指示灯是否熄灭			
	3		工作状态是否正常			

调试任务:放入工件,运行程序,看装配单元动作是否满足任务要求。

6. 评价反馈

请完成表 3.7、表 3.8 和表 3.9。

表 3.7　自评和小组评分表

班级		组名		日期	
评价指标	评价内容		分数	自评分数	小组分数
工作感知	是否熟悉工作岗位,认同工作价值; 是否崇尚劳动光荣、技能宝贵; 在工作中是否能获得满足感		15 分		
参与态度	是否积极主动参与工作,能吃苦耐劳; 是否探究式学习、自主学习,不流于形式; 是否处理好合作学习和独立思考的关系,做到有效学习		10 分		
	与教师、同学之间是否相互尊重、理解、平等; 是否与人保持多向、丰富、适宜的信息交流; 是否能够倾听别人意见,与人协作共享		10 分		
学习方法	学习方法是否得当; 是否能按要求正确操作; 是否有进一步学习的能力		10 分		
工作过程	是否按时出勤并完成工种任务; 是否遵守管理规程; 操作过程是否符合现场管理要求		20 分		
思维能力	能否发现问题、提出问题、分析问题、解决问题、创新思维		10 分		
自评反馈	是否按时按质完成工作任务; 是否较好地掌握了专业知识点; 是否具有较强的信息分析能力和理解能力; 是否具有较为全面严谨的思维能力,并能条理清楚地表达		25 分		
合计			100 分		
有益的做法					

表 3.8 教师评价表

班级		组名		姓名	
出勤情况					
评价内容	评价要点	考察要点	价值	分数	评分规则
任务描述	口述内容细节	表述仪态自然、吐字清晰	2分		表述仪态不自然或吐字模糊扣1分
		表达思路清晰、层次分明,关键词准确	3分		表达思路不清晰或关键词不准确扣1分
任务分析	依据图样分析工艺并分组分工	表述仪态自然、吐字清晰	2分		表述仪态不自然或吐字模糊扣1分
		表达思路清晰、层次分明,关键词准确	3分		表达思路不清晰或关键词不准确扣1分
计划实施	任务准备	准备和清点工具	1分		每漏一项扣1分
		拆装工具并摆放整齐	3分		混乱摆放扣1分
		图纸摆放整齐	1分		实操期间丢、破扣1分
	执行任务	机械安装	15分		有明显不足,每一项扣1分,扣完为止
		气路连接	15分		气路连接错误,每项扣1分,扣完为止
		电路连接	20分		电路连接错误,每项扣1分,扣完为止
		编程与调试	15分		装配控制、状态指示和主程序错误各扣5分
总结	任务总结	自评分数	10分		
		小组分数	10分		
		合计	100分		

表 3.9　项目完成情况评分表

评分项目	评分细则
机械安装及其装配工艺（25 分）	装配支撑架未完成或装配错误导致安装失败，扣 5 分
	供料装置安装及调整不正确，扣 5 分
	装配机械手安装及调整不正确，扣 5 分
	有紧固件松动现象，扣 5 分
	抓取机械手装置未完成或装配错误以致不能运行，扣 5 分
气路连接及工艺（20 分）	气路连接未完成或有错，每处扣 2 分
	气路连接有漏气现象，每处扣 1 分
	气缸节流阀调整不当，每处扣 1 分
	气管没有绑扎或气路连接凌乱，扣 2 分
电路连接及工艺（20 分）	接线错误每处扣 1.5 分
	端子连接、插针压接不牢或超过 2 根导线，每处扣 0.5 分
	端子连接处没有线号，每处扣 0.5 分
	电路接线没有绑扎或电路接线凌乱，扣 1.5 分
编程调试（20 分）	初态检查程序不正确，扣 7 分
	供料过程的落料控制和装配过程顺序功能图不正确，扣 5 分
	供料过程的落料控制和装配过程控制程序不正确，扣 8 分
职业素养与安全意识（15 分）	现场操作安全保护不符合安全操作规程，扣 3 分
	工具摆放及对包装物品、导线线头等的处理不符合职业岗位的要求，扣 3 分
	不遵守现场纪律，扣 3 分
	团队合作不当，扣 2 分
	不爱惜设备和器材，扣 2 分
	工位不整洁，扣 2 分
总分（100 分）	

教师寄语

大国工匠在平凡的工作岗位上，保持执着专注、精益求精、一丝不苟、追求卓越，以匠人之心，铸大国重器。大家在打磨自己的专业技能时，遇到难题也要积极思考、创新方法，一点点摸索，寻找解题之道，学习大国工匠们对每一道工序都精雕细琢，精心做好每一件产品的匠心精神。

项目四　分拣单元的安装与调试

项目引入

同学们已经完成了供料、加工和装配单元的安装与调试。不但能够得心应手地完成机械、气动机构装调和电气线路接线与检测等任务,而且具备完成复杂机电设备的安装与调试的技能,已经能够胜任机电一体化设备的安装调试、维护维修等岗位的绝大多数工作。但是,还有一些典型任务,比如动力装置的速度调节、运动部件的位置的检测与判断等,需要大家进一步掌握变频调速应用技术、检测仪器的使用方法和检测结果数据的处理。只有具备完成这些任务所需的理论知识和专业技能,才能游刃有余地保障自动化生产线顺利运行。

任务清单

任务1　分拣单元的机械安装、气路连接、电路连接

任务2　分拣单元变频器调速应用

任务3　分拣单元的编码器应用和高速计数器编程

任务4　分拣单元的编程与调试

学习目标

【知识目标】

①掌握分拣单元的机械机构的组成及功能。

②掌握分拣带机构的结构、安装方法及应用。

③掌握编码器的功能、原理及应用。

④了解高速计数器指令及编程方法。

【技能目标】

①能依据分拣单元的机械安装要求,拟定安装顺序,正确选用工具完成分拣单元传送带、联轴器、编码器的装调。

②能正确设置参数并调试变频器。

③能用向导功能编写高速计数器程序。

④能依据工作要求,画出主程序和子程序流程图,能正确编写子程序。

【素质目标】

①能结合理论知识解决技术难题,善于在工作中创新,立足本职岗位,以扎实的理论功底创造性地开展工作。

②实训中合理规划、节约使用耗材,培养质量意识、环保意识、经济意识。

③实训过程中爱岗敬业、尊师重道,敬重实训导师和车间技工师傅,热心钻研专业技能。

学前引导

重点: 完成任务1、2、3、4。

难点: 三相异步电动机、联轴器、传送带机构的组装检测与调整;变频器电路接线和参数设置;编码器安装接线测试;高速计数器原理及编程。分拣子程序中,实现工件属性检测完成后对工件分类、顺序控制选择分支与汇合的编程。完成分拣单元任务,要求掌握速度位移控制、高速计数、模拟量输入输出等高阶编程技能。

我们正处在百年未有之大变局的时代,科技日新月异,产业结构不断优化升级。在这样的时代,我们不能退缩,唯有以一往无前的勇气直面竞争,只有努力掌握新技术、新工艺,解决产业高端的高阶技术新问题我们才有足够的竞争力。世界技能大赛上中国代表团苦练专业本领,在世界舞台上展示了我国职业技能发展的整体实力和青年技能健儿的精湛技艺。

世界技能大赛——中国工匠技艺闪耀全球

自2011年起,我国已参加了6届世界技能大赛,共有215名选手在世界技能竞技舞台上与全球青年技能高手同台竞技,展示了中国技能青年精益求精的技能水平、昂扬向上的精神面貌、朝气蓬勃的青春风采,参赛成绩"芝麻开花节节高"。

统计数据显示:我国选手累计取得57枚金牌、32枚银牌、24枚铜牌和63个优胜奖,特别是在2022年世界技能大赛特别赛上,我国派出36名选手参加34个比赛项目,获得21金3银4铜5优胜的优异成绩,获得金牌比例达到62%,获得奖牌比例达到97%,创造了历史最好成绩。

我国参赛的每一位选手都经历了层层选拔,可谓"过五关斩六将",是青年技能人才中的佼佼者,他们在国际赛场摘金夺银,充分印证了"三百六十行,行行出状元"的道理,也充分说明只要刻苦努力、奋斗拼搏,每个人都有人生出彩的机会。

中共中央总书记、国家主席、中央军委主席习近平对我国技能选手在第45届世界技能大赛上取得佳绩作出重要指示,向我国参赛选手和从事技能人才培养工作的同志们致以热烈祝贺。习近平强调,劳动者素质对一个国家、一个民族发展至关重要。技术工人队伍是支撑中国制造、中国创造的重要基础,对推动经济高质量发展具有重要作用。

1.任务分析

任务 1　分拣单元的机械安装、气路连接、电路连接

1) 分拣单元的机械安装

分拣单元机械系统如图 4.1 所示,将分拣单元拆开成组件和零件的形式,分类摆放,然后再组装成原样。

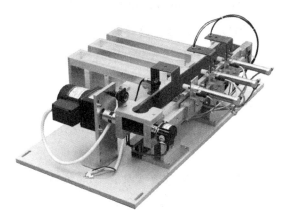

图 4.1　分拣单元实物的全貌

2) 分拣单元的气路连接

分拣单元的传动带驱动机构如图 4.2 所示。采用三相减速电机拖动传送带从而输送物料。它主要由电机支架、电动机、联轴器等组成。安装气动系统元件,按照气动系统原理图剪裁气管、连接气路并调试。

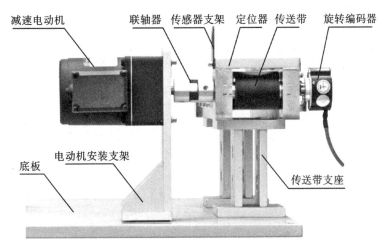

图 4.2　分拣单元的气路连接

3)分拣单元的电路连接

在装配工作单元装置侧完成各传感器、电磁阀、电源端子等引线到装置侧接线端口之间的接线;在 PLC 侧进行电源连接、I/O 点接线等。

任务 2　分拣单元变频器调速应用

明确分拣单元变频器调速的工作要求,选定合适型号的变频器(西门子 MM420),完成变频器电路连接和参数设置,实现输送带速度设定和调节。

任务 3　分拣单元的编码器应用和高速计数器编程

掌握编码器的功能、结构、工作原理和接线方法。理解高速计数器功能、应用场合,理解其基础知识,掌握选用方法和编程方法。完成编码器的电路连接和高速计数器的选用与编程。

任务 4　分拣单元的编程与调试

明确分拣单元运行要求,掌握并行序列的顺序控制编程方法,设计分拣单元控制程序并运行调试。

难点分析:掌握输送带机构的结构、安装方法及应用;掌握编码器的功能、原理及应用;掌握高速计数器指令及编程方法;梳理主程序和主程序结构,编写和调用子程序。

2. 任务分组

分组并填写表 4.1 和表 4.2。

表 4.1 任务分配表

班级		组号		指导教师	
组长		学号			
姓名	学号	任务分工			

表 4.2 任务单

项目名称	分拣单元安装与调试	
序号	任务名称	任务完成质量要求
1	分拣单元的机械安装、气路连接、电路连接	
2	分拣单元变频器调速应用	
3	分拣单元的编码器应用和高速计数器编程	
4	分拣单元的编程与调试	
下达时间		接受时间		完成时间	
接单人		小组号			

3. 熟悉任务

任务 1　分拣单元的机械安装、气路安装、电路连接

认真阅读分拣单元的机械装配图,分析出安装基准、位置关系、精度要求、安装顺序,写在下面横线上。先把零件装成组件,再把组件进行组装。结合分拣工作过程,分析气动系统原理图。合理安排汇流板、电磁阀安装位置。查阅分拣单元 PLC 的 I/O 信号表、分拣单元 PLC 的 I/O 接线原理图,熟悉传感器、PLC、电磁阀、信号灯、电源端子、通信接口和电缆的接线。总结操作要点,写在下面横线上。

_____
_____
_____

任务 2　分拣单元变频器调速应用

熟悉变频器的速度控制任务——以 30 Hz 的固定频率运行。设计变频器的速度控制方案,完成电路连接和对应参数设置。把要设置的参数及其作用写在下面横线上。

_____
_____
_____

任务 3　分拣单元的编码器应用和高速计数器编程

认知编码器的功能、结构、原理。认知高速计数器的原理,完成编码器的电路连接、高速计数器的编程。把认知编码器和高速计数器的关键词写在下面横线上。

_____
_____
_____

任务 4　分拣单元的编程与调试

逐条列出控制要求,梳理程序结构,结合控制要求,确定控制流程图和选用编程指令。把编程中要完成的子程序名称和功能写在下面横线上。

_____
_____
_____

4. 工作方案

任务 1　分拣单元的机械安装、气路连接、电路连接

1)分拣单元的机械安装

机械部分安装步骤和方法：

①完成传送机构的组装，装配传送带装置及其支座，然后将其安装到底板上，如图 4.3 所示。

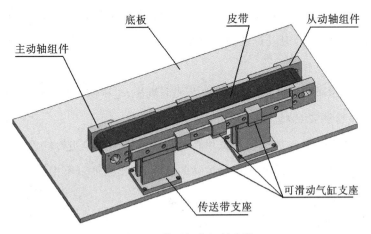

图 4.3　传送机构组件安装

②完成推料气缸支架、推料气缸、传感器支架、出料槽及支撑板等的装配，如图 4.4 所示。

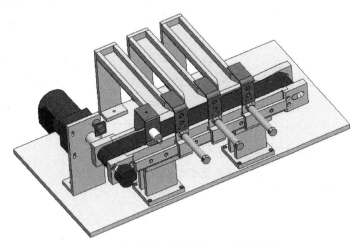

图 4.4　机械部件安装完成时的效果图

分拣单元机械安装的注意事项(质量控制要点)：

①皮带托板与传送带两侧板的固定位置应调整好,以免皮带安装后凹入侧板表面,造成推料被卡住的现象。

②主动轴和从动轴的安装位置不能错,主动轴和从动轴的安装板的位置不能相互调换。

③皮带的张紧度应调整适中。

④要保证主动轴和从动轴的平行。

⑤为了使传动部分平稳可靠,噪声减小,特使用滚动轴承为动力回转件,但滚动轴承及其安装配合零件均为精密结构件,对其拆装需一定的技能和专用的工具,建议不要自行拆卸。

2)分拣单元的气路连接

结合图4.5,在分拣单元安装底板上依次安装汇流排、电磁阀,然后连接气动控制回路。

气路调试(质量检测要点)包括：

①用电磁阀上的手动换向加锁钮调试顶料气缸和推料气缸的初始位置和动作位置。

②调整气缸节流阀以控制活塞杆往复运动的速度,伸出速度以不推倒工件为准。

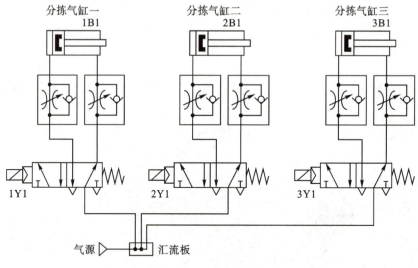

图4.5 分拣单元气动控制回路工作原理图

3)分拣单元的电路连接

电气部分安装连接步骤：

①将电源、按钮模块、各传感器、PLC正确安装。

②分拣单元PLC选用S7-224 XP AC/DC/RLY主单元,共14个输入端子和10继电器输出端子,集成有2路模拟量输入和1路模拟量输出,有两个RS-485通信口。结合分拣单元装置侧的接线端口信号端子的分配表在分拣单元工作装置侧连接各按钮、传感器、电磁阀、电源

端子到装置侧接线端口之间的接线；分拣单元装置侧的 I/O 接线端口上各电磁阀和传感器的引线安排如表 4.3 所示。

表 4.3　分拣单元装置侧的接线端口信号端子的分配

输入端口中间层			输出端口中间层		
端子号	设备符号	信号线	端子号	设备符号	信号线
2	DECODE	旋转编码器 B 相	2	1Y	推杆 1 电磁阀
3	DECODE	旋转编码器 A 相	3	2Y	推杆 2 电磁阀
4	DECODE	旋转编码器 Z 相	4	3Y	推杆 3 电磁阀
5	SC1	—			
6	SC2	电感式传感器			
7	SC3	光纤传感器			
8	—	—			
9	1B	推杆 1 推出到位			
10	2B	推杆 2 推出到位			
11	3B	推杆 3 推出到位			
12#～17#端子没有连接			5#～14#端子没有连接		

结合分拣单元 I/O 信号分配表(表 4.4)、PLC 的电气控制原理图(图 4.6),完成 PLC 侧的接线,包括电源、PLC 的 I/O 端口与 PLC 侧端口、PLC 侧端口和装置侧接口、PLC 的 I/O 端口与按钮指示灯模块之间的接线。

表 4.4 分拣单元 PLC 的 I/O 信号分配表

输入端口中间层				输入端口中间层			
序号	PLC 输入点	信号名称	信号来源	序号	PLC 输入点	信号名称	信号来源
1	I0.0	旋转编码器 B 相	装置侧	1	Q0.0	电机启动	变频器
2	I0.1	旋转编码器 A 相		2	Q0.1	—	—
3	I0.2	—		3	Q0.2	—	—
4	I0.3	进料口工件检测		4	Q0.3	—	—
5	I0.4	电感式传感器		5	Q0.4	—	—
6	I0.5	光纤传感器 1		6	Q0.5	—	—
7	I0.6	光纤传感器 2		7	Q0.6	—	—
8	I0.7	推杆 1 推出到位		8	Q0.7	—	—
9	I1.0	推杆 2 推出到位		9	Q1.0	HL1	按钮/指示灯模块
10	I1.1	推杆 3 推出到位		10	Q1.1	HL2	
11	I1.2	启动按钮	按钮/指示灯模块				
12	I1.3	停止按钮					
13	I1.4	—					
14	I1.5	单站/全线					

项目四 分拣单元的安装与调试 73

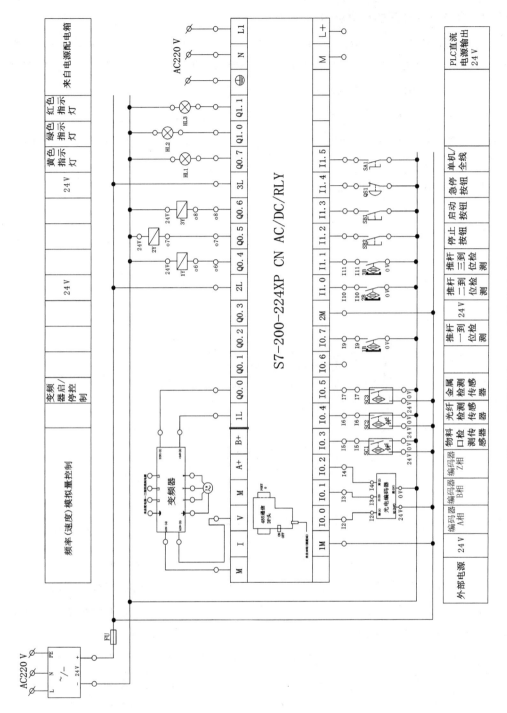

图 4.6 分拣单元 PLC 电气控制原理图

任务2 分拣单元变频器调速应用

西门子变频器 MM420:电源电压三相交流 380~480 V,额定输出功率 0.75 kW,额定输入电流 2.4 A,外形尺寸 A 型。要求以 30 Hz 的固定频率驱动电动机运转(可以变动),用固定频率方式控制变频器,选用 MM420 的端子"5"(DIN1)作电机启动和频率控制。

本项目中,给定了选用外部端子控制变频器的启动和运行频率。因此,指定命令源为"外部 I/O":命令源参数 P0700=2(外部端子模式);输出频率由数字输入端子 DIN1~DIN3 的状态指定:频率设定值信号源 P1000=3(固定频率)。

由于选用了端子"5"(DIN1)作电机启动和频率控制,因此设置其对应参数 P0701=16(直接选择+ON 命令)、P1001=30 Hz。在此基础上,连接变频器电路。

任务3 分拣单元的编码器应用和高速计数器编程

完成驱动电机组件装配,进一步装配联轴器,把驱动电机组件与传送机构相连接并固定在底板上,旋转编码器和输送带主动轮的输出轴同轴连接,并调试精度,如图 4.7 所示。

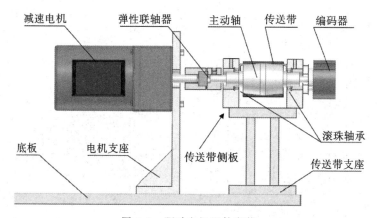

图 4.7 驱动电机组件安装

旋转编码器是通过光电转换,将输出至轴上的机械、几何位移量转换成脉冲或数字信号的传感器,主要用于速度或位置(角度)的检测。YL-335B 设备上只使用了增量式编码器。增量式旋转编码器:输出"电脉冲"表征位置和角度信息。一圈内的脉冲数代表了分辨率。位置则是依靠累加相对某一参考位置的输出脉冲数来确定的。

增量式旋转编码器在自动生产线上应用广泛,由光栅盘和光电检测装置组成。光栅盘是在一定直径的圆板上等分地开通若干个长方形狭缝。由于光电码盘与电动机同轴,电动机旋转时,光栅盘与电动机同速旋转,经发光二极管等电子元件组成的检测装置检测输出若干脉冲信号,其原理示意图如图 4.8 所示;通过计算每秒旋转编码器输出脉冲的个数就能了解当前电动机的转速。

项目四 分拣单元的安装与调试

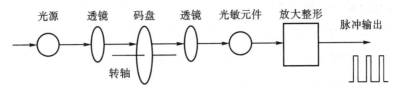

图4.8 旋转编码器原理示意图

为了提供旋转方向的信息,增量式编码器通常利用光电转换原理输出三组方波脉冲分别为 A 相、B 相和 Z 相;A 相和 B 相两组脉冲相位差 90°。当 A 相脉冲超前 B 相时为正转方向,而当 B 相脉冲超前 A 相时则为反转方向。Z 相为每转一个脉冲,用于基准点定位,如图 4.9 所示。

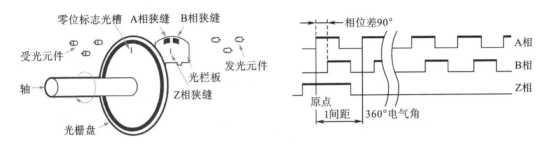

图4.9 增量式旋转编码器的工作原理

分拣单元使用了这种具有 A、B 两相 90°相位差的通用型旋转编码器,用于计算工件在传送带上的位置,如图 4.10 所示。该旋转编码器分辨率 500 线,A、B 两相输出端直接连接到 PLC (S7-224XP AC/DC/RLY)的高速计数器输入端。

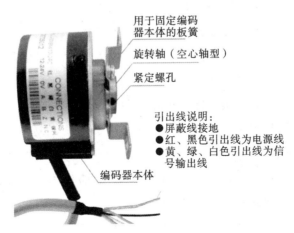

图4.10 工件在传送带上位移的计算

任务4 分拣单元的编程与调试

分拣单元的目标是对白色芯金属工件、白色芯塑料工件和黑色芯的金属或塑料工件进行分拣。为了在分拣时准确推出工件,要求使用旋转编码器进行定位检测。并且工件材料和芯体颜色属性应在推料气缸前的适当位置被检测出来,如图 4.11 所示。

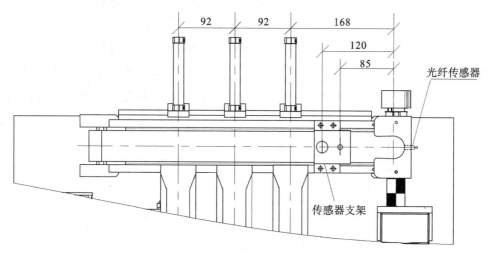

图 4.11 工件在传送带上位移的计算

1)分拣单元的控制要求

(1)初始状态:设备上电和气源接通后,若工作单元的三个气缸均处于缩回位置,则"正常工作"指示灯 HL1 常亮,表示设备准备好,否则,该指示灯以 1 Hz 频率闪烁。

(2)若设备准备好,按下启动按钮,系统启动,"设备运行"指示灯 HL2 常亮。当传送带的入料口人工放下已装配的工件时,变频器即启动电机,选用 MM420 的端口"5"(DIN1)作电机启停控制,驱动传动电动机,变频器以面板方式设定频率为 30 Hz,以固定的速度输出,把工件带往分拣区。变频器的参数设置包括:命令源 P0700=2(外部 I/O)、选择频率设定的信号源参数 P1000=3(固定频率)、DIN1 功能参数 P0701=16(直接选择+ON 命令)、1001=30 Hz;斜坡上升时间参数 P1120 设定为 1 s,斜坡下降时间参数 P1121 设定为 0.2 s。

如果工件为白色芯金属工件,则该工件到达 1 号滑槽中间,传送带停止,工件被推到 1 号槽中;如果工件为白色芯塑料工件,则该工件到达 2 号滑槽中间,传送带停止,工件被推到 2 号槽中;如果工件为黑色芯,则该工件到达 3 号滑槽中间,传送带停止,工件被推到 3 号槽中。工件被推出滑槽后,该工作单元的一个工作周期结束。

仅当工件被推出滑槽后,才能再次向传送带下料。

(3)在工作过程中,如果按下停止按钮,该工作单元在本工作周期结束后停止运行。HL2 指示灯熄灭。

2)分拣单元单站运行控制的编程思路

分拣单元在上电后,首先进行初始状态的检查,确认系统准备就绪后,按下启动按钮,进入运行状态,才开始分拣过程的控制。初始状态检查的程序流程与前面单元相似。3个分拣槽特定位置的数据,须在上电第 1 个扫描周期写到相应的数据存储器中。系统进入运行状态后,应随时检查是否有停止按钮按下。若停止指令已经发出,则应在系统完成一个工作周期回到初始步时,复位运行状态和初始步使系统停止。

分拣方案:以进料口位置为原点,PLC 启动变频器驱动电动机带动传送带,输送工件前进。以进料口位置为原点,由数字量光电编码器(眼睛)向 PLC 反馈脉冲数的方式测量传送带移动的距离,与三个分拣槽的位置比较,在符合条件的分拣槽位置准确停下传送带,便于分拣工件。由于光电编码器输出的脉冲频率高、数量大,必须运用 PLC 的高速计数器指令。可以通过实验的方法提前测量出从进料口位置到三个分拣槽的位置的脉冲数,存储在数据寄存器中(本例采用 VD14、VD18 和 VD22)。

手动编写光电编码器采集传送带实时位置脉冲数计数程序难度较大,建议初学者通过 STEP7 – Micro/WIN 编程软件进行引导式编程。根据分拣单元旋转编码器输出的脉冲信号形式(A/B 相正交脉冲,Z 相脉冲不使用,无外部复位和启动信号),确定采用的计数模式为模式 9,选用的计数器为 HSC0,B 相脉冲从 I0.0 输入,A 相脉冲从 I0.1 输入,计数倍频设定为 4 倍频。分拣单元高速计数器编程不考虑中断子程序、预置值等。使用引导式编程自动生成符号地址为"HSC_INIT"的子程序,光电编码器的实时脉冲数采集存储在 SMD38 中,在主程序中调用该子程序即可。程序示例如图 4.12 所示。用高速计数器编程后,必须在上电第 1 个扫描周期调用 HSC_INIT 子程序,以定义并使能高速计数器。

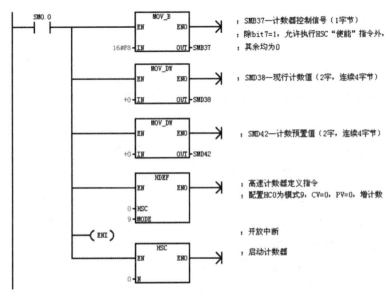

图 4.12 程序示例

进料口到推杆 1 位置的脉冲数为 2600,存储在 VD14 单元中,到推杆 2 位置的脉冲数为 4084,存储在 VD18 单元中,到推杆 3 位置的脉冲数为 5444,存储在 VD22 单元中。在 STEP7 – Micro/WIN 界面项目指令树中,选择数据块→用户定义 1;在所出现的数据页界面上逐行键入 V 存储器起始地址、数据值及其注释。

分拣单元编程要点有:

①当检测到待分拣工件下料到进料口后,复位高速计数器 HC0,并以固定频率 30 Hz 启动变频器驱动电机运转。

②分拣站通过判别工件颜色来控制传送带停在哪个槽中间,关键在于怎么判断。当工件经过安装在传感器支架上的光纤探头和电感式传感器时,根据 2 个传感器动作与否,判别工件的属性,决定程序的流向。计数器 HC0 当前值与分拣槽位置值的脉冲数的比较可通过触点比较指令实现。

③根据工件属性和分拣任务要求,在相应的推料气缸位置把工件推出。推料气缸返回后,步进顺控子程序返回初始步。

5. 任务实施

1)分拣单元的机械安装、气路连接、电路连接

把分拣单元机械、气动、传感器、电气部分有序拆卸,分类摆放。再把分拣单元机械、气动、传感器、电气部分按照顺序安装、紧固和连接,检查接线是否错误,检验其是否能正常工作并适当调整。填写装调过程中出现的错误和改正措施。

_____

_____

_____

2)分拣单元变频器调速应用

在实训教师的指导下完成西门子 MM420 变频器主电路和控制电路连接,变频器参数的设定如下。

(1)变频器恢复出厂设置:设定 P0010=30,P0970=1。按下 P 键,开始参数的复位。

(2)快速调试:设定 P0010=1,开始快速调试;设定 P0003=2,P0100=0,P0304=380,P0305=0.18,P0307=0.03,P0310=50,P0311=1300,P3900=1,结束快速调试。

(3)功能调试:设定 P0700=2(指定命令源为"由端子排输入"),P0701=16(确定数字输入 DIN1 为"直接选择+ON"命令),P1000=3(频率设定选择为固定频率),P1001=30(DIN1 的频率设定值为 30 Hz,此值可用用户自主修改),P1080=0(最低频率为 0),P1081=50(最高频率为 50),P1120=1(斜坡上升时间为 1 s),P1121=0.2(斜坡下降时间为 0.2 s)。

(4)调试运行:断电后,重新上电(调试前,需连接一按钮电路和数字输入 DIN1),把变频器切换到监视模式。调试运行,观察变频器输出频率是否为 30 Hz。

3)分拣单元的编码器应用和高速计数器编程

分拣单元的 PLC 是 S7-224XP AC/DC/RLY,主单元集成了编号为 HSC0~HSC5 的六个高速计数器,每一编号的计数器均分配有固定地址的输入端。

根据分拣单元旋转编码器输出的脉冲信号形式确定,所采用的计数模式为模式 9,选用的计数器为 HC0,如图 4.13 所示。B 相脉冲从 I0.1 输入,A 相脉冲从 I0.0 输入,计数倍频设定为 4 倍频。

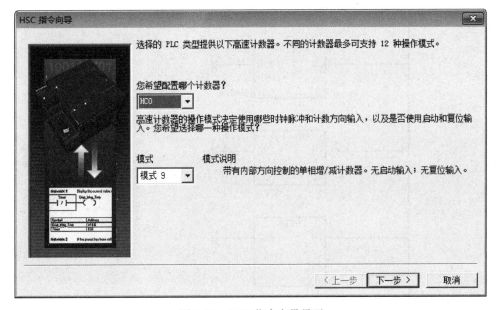

图 4.13　HSC 指令向导界面

一路过关斩将,剑指苍穹
——第 45 届世界技能大赛机电一体化项目选手殷成浩、谢虎

殷成浩、谢虎来自北京市工业技师学院。2016 年,他们参加第 44 届世界技能大赛机电一体化项目北京市选拔赛,以加赛第一名的成绩进入国赛选拔,同年参加第 44 届世界技能大赛机电一体化项目国赛选拔赛,最终以第 4 名进入国家队,在随后的六进三、三进二、二进一的选拔赛中,以第 2 名的成绩成为第 44 届世界技能大赛机电一体化项目备选选手。2018 年,他们参加第 45 届世界技能大赛国家队选拔,在六进三、三进一选拔中,以第 1 名的成绩成功晋级,成为参赛选手。2019 年 8 月,他们代表中国参加在俄罗斯喀山举行的第 45 届世界技能大赛机电一体化项目比赛,获得银牌。

希望同学们以他们为榜样,刻苦钻研技术,努力提高技能水平,走技能成才、技能报国之路。

请用向导模式编写高速计数器初始化子程序,如图 4.14 所示,在主程序块中使用 SM0.1 调用此子程序,即完成高速计数器定义并启动计数器。

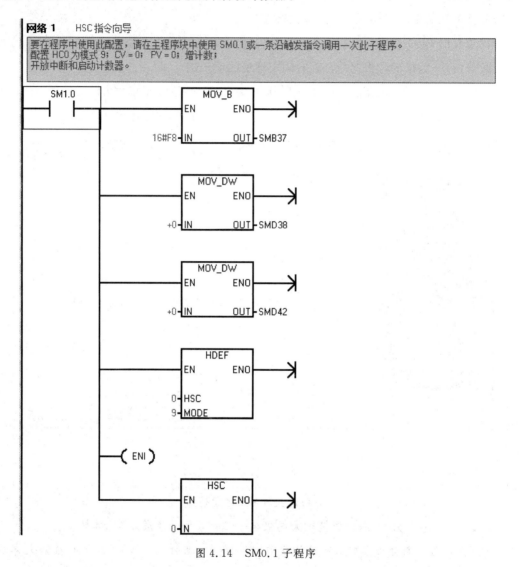

图 4.14 SM0.1 子程序

4)旋转编码器脉冲当量的现场测试

在 PC 机上用 STEP7 - Micro/WIN 编程软件编写 PLC 程序,编译后传送到 PLC。程序如图 4.15 所示。

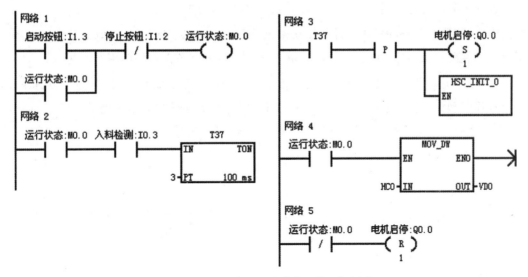

图 4.15 旋转编码器脉冲当量的现场测试

在传送带进料口中心处放下工件后,按启动按钮启动运行。工件被传送一段较长的距离后,按下停止按钮停止运行。观察 STEP7 – Micro/WIN 软件监控界面上 VD0 的读数,然后在传送带上测量工件移动的距离,从而计算出脉冲当量 μ。进行多次测试后,求出脉冲当量 μ 的平均值。按尺寸重新计算旋转编码器到各位置应发出的脉冲数,测量并计算出当工件从下料口中心线移至传感器中心时的脉冲数,分别保存在 VD14、VD18、VD22、VD10 单元中。

5) 距离测量工艺创新

按上面的方法测量工件从下料口中心线移至传感器中心和三个分拣槽中心的脉冲数,由于距离测量误差、机械机构安装差异、脉冲数四倍频换算等因素影响,测量过程复杂、操作环节多,易出错,效率较低。能否找到一种合适的方法,直接测量出以上四个距离的脉冲数呢?

我们可以这样来思考,如果仿照分拣单元工作过程,把工件从下料口中心线移至传感器中心和三个分拣槽中心线的脉冲数读出来是否就可以解决这个问题? 为此,我们需要做到如下几点:

①初始位置脉冲计数清零。

②手动控制输送带启停。

③精密调整输送带停止位置。

④读出脉冲数。

以此为指导设计手动控制程序,通过向导功能自动生成高速计数器初始化程序。

设计程序,控制输送带点动运行且能正反转。直接测量出脉冲数,分别保存在 VD14、VD18、VD22、VD10 单元中。

6) 分拣单元的编程与调试

完成"分拣控制"子程序、高速计数器初始化子程序"HSC0_INIT"。类似于其他工作单元，主程序主要完成系统启停、准备就绪检查、状态显示以及两个子程序的调用等功能。

(1) 主程序 MAIN。编写分拣单元的初态检查程序和启停控制程序，可以参考分拣单元的初态检查程序和启停控制程序。调用"分拣控制"子程序、高速计数器初始化子程序。

(2) 高速计数器初始化子程序。通过向导功能自动生成高速计数器初始化程序。

(3) "分拣控制"子程序。分拣过程的初始步在 PLC 上电时被置位。当启动条件满足，系统运行状态标志为 ON 时，只要料口检测有料，便初始化高速计数器，同时给出变频器输出频率信号，延时时间到，启动电机运行。工件检测信号测量结果保存，判断已完成工件检测后，确认工件属性。

依据工件属性利用选择分支控制工件去处。结合位置判断，推杆推出实现分拣。当分拣完成后复位工件属性标志，然后返回初始步。

先设计出分拣单元顺序功能图，再设计出分拣单元的程序。

6. 评价反馈

请完成表 4.5、表 4.6 和表 4.7。

表 4.5　自评和小组评分表

班级		组名		日期		
评价指示	评价内容			分数	自评分数	小组分数
工作感知	是否熟悉工作岗位，认同工作价值； 是否崇尚劳动光荣、技能宝贵； 在工作中是否能获得满足感			15 分		
参与态度	是否积极主动参与工作，能吃苦耐劳； 是否探究式学习、自主学习，不流于形式； 是否处理好合作学习和独立思考的关系，做到有效学习			10 分		
	与教师、同学之间是否相互尊重、理解、平等； 是否与人保持多向、丰富、适宜的信息交流； 是否能够倾听别人意见，与人协作共享			10 分		
学习方法	学习方法是否得当； 是否能按要求正确操作； 是否有进一步学习的能力			10 分		
工作过程	是否按时出勤并完成工种任务； 是否遵守管理规程； 操作过程是否符合现场管理要求			20 分		
思维能力	能否发现问题、提出问题、分析问题、解决问题、创新思维			10 分		
自评反馈	是否按时按质完成工作任务； 是否较好地掌握了专业知识点； 是否具有较强的信息分析能力和理解能力； 是否具有较为全面严谨的思维能力，并能条理清楚地表达			25 分		
合计				100 分		
有益的做法						

表 4.6 教师评价表

班级			组名			姓名	
出勤情况							
评价内容	评价要点		考察要点	价值	分数	评分规则	
任务描述	口述内容细节		表述仪态自然、吐字清晰	2分		表述仪态不自然或吐字模糊扣1分	
			表达思路清晰、层次分明,关键词准确	3分		表达思路不清晰或关键词不准确扣1分	
任务分析	依据图样分析工艺并分组分工		表述仪态自然、吐字清晰	2分		表述仪态不自然或吐字模糊扣1分	
			表达思路清晰、层次分明,关键词准确	3分		表达思路不清晰或关键词不准确扣1分	
计划实施	任务准备		准备和清点工具	1分		每漏一项扣1分	
			拆装工具并摆放整齐	3分		混乱摆放扣1分	
			图纸摆放整齐	1分		实操期间丢、破扣1分	
	执行任务		机械安装	15分		有明显不足,每一项扣1分,扣完为止	
			气路连接	15分		气路连接错误,每项扣1分,扣完为止	
			电路连接	20分		电路连接错误,每项扣1分,扣完为止	
			编程与调试	15分		分拣控制、状态指示和主程序错误各扣5分	
总结	任务总结		自评分数	10分			
			小组分数	10分			
		合计		100分			

表 4.7 项目完成情况评分表

评分项目	评分细则
机械安装及 其装配工艺 （25分）	装配未完成或装配错误导致安装失败，传动机构不能运行，扣5分
	驱动电机或联轴器安装及调整不正确，扣5分
	传送带打滑或运行时抖动、偏移过大，扣5分
	工作单元安装定位与要求不符，有紧固件松动现象，扣5分
	编码器装配、调整不当导致无法运行，扣5分
气路连接及工艺 （20分）	气路连接未完成或有错，每处扣2分
	气路连接有漏气现象，每处扣1分
	气缸节流阀调整不当，每处扣1分
	气管没有绑扎或气路连接凌乱，扣2分
电路连接及工艺 （20分）	接线错误每处扣1.5分
	电机接线错误导致不能运行，扣2分
	变频器及驱动电动机接线错误导致不能运行，扣2分，没有接地，扣1分
	必要的限位保护未接线或接线错误，扣1.5分
	端子连接、插针压接不牢或超过2根导线，每处扣0.5分
	端子连接处没有线号，每处扣0.5分
	电路接线没有绑扎或电路接线凌乱，扣1.5分
	光纤传感器接线及参数设置不正确，扣1.5分
编程调试 （20分）	初态检查程序错误扣5分
	高速计数器子程序功能不正确，扣5分
	分拣过程控制子程序错误，扣10分
职业素养与 安全意识 （15分）	现场操作安全保护不符合安全操作规程，扣3分
	工具摆放及对包装物品、导线线头等的处理不符合职业岗位的要求，扣3分
	不遵守现场纪律，扣3分
	团队合作不当，扣2分
	不爱惜设备和器材，扣2分
	工位不整洁，扣2分
总分（100分）	

教师寄语

世界技能大赛被称作"世界技能奥林匹克",是全球规模最大、影响力最广的职业技能竞赛,其竞技水平代表了各领域职业技能发展的世界先进水平。回顾世界技能大赛参赛历程,我国首次参赛取得奖牌零的突破,第三次参赛取得金牌零的突破,第四次、第五次参赛均位居金牌榜、奖牌榜和团体总分世界第一,第六次参赛继续位居金牌榜和团体总分世界第一。中国技术技能人才的身影闪耀于世界技能之巅,让人们看到了中国青年向上的力量。技能水平的提升没有捷径,只有靠时光的打磨和经验的积累。让我们在他们的成功经验中汲取力量,在技能路上永不言弃,一往无前。

项目五　搬运单元的安装与调试

项目引入

在自动化生产线上，有不少关键性工作任务在执行时需要实现精确定位控制。例如在输送单元中，驱动抓取机械手装置沿直线导轨到加工单元、装配单元、分拣单元及返回原点等。实现这种控制要求的执行机构可以是步进电机或伺服电机。通过控制器发出的脉冲信号，它们能实现与脉冲数成正比的角位移或直线位移，从而实现精确运动定位。

在自动化控制中，运动控制技能是大家必须掌握的高阶技能。基于步进电机和伺服电机的工作特性，工程师们能借助软件相对容易地实现速度和位移控制。在本项目中重点学习对伺服电机及驱动器、高速脉冲输出、运动控制组件的应用。

任务清单

任务1　搬运单元的机械安装、气路连接、电路连接

任务2　搬运单元伺服电动机位置控制应用

任务3　搬运单元的位置控制向导编程

任务4　搬运单元的编程与调试

学习目标

【知识目标】

①掌握搬运单元的机械机构的组成及功能。

②掌握搬运单元的气动系统组成及工作原理。

③掌握伺服电机结构、原理。

④熟悉PLC的高速脉冲输出功能和运动控制编程组件。

【技能目标】

①能依据搬运单元的机械安装要求，进行机械机构装调。

②能读懂气动原理图，能遵守工艺规范，正确选用工具完成搬运单元气动系统装调。

③能读懂电气控制原理图，能完成伺服电机和伺服驱动器的安装、紧固与接线，能完成伺服驱动器的参数设计与保存。

④能依据工作要求，规划设计主程序和各子程序流程图，能正确编写程序。

【素质目标】

①在学习活动中处理好分工与合作关系,培养协作精神,在劳动中建立良好的人际关系。

②在实训过程中,谦虚好问、热心助人,与队友团结合作,在打磨技艺中建立友谊。

③提升技能操作规范与职业素养的同时尊师重教、志存高远、脚踏实地。

④在学习过程中体悟人性,不气馁,不骄傲,让勤奋学习成为青春飞扬的动力。

学前引导

重点:完成任务1、2、3、4。

难点:抓取机械手装置、直线运动传动组件、伺服电机传动组件的组装、检测与调整;伺服电机和伺服驱动器的电路接线以及参数设置;伺服电机运动控制编程;规划设计搬运单元的工作方案和流程,运用运动定位控制、高速脉冲输出、伺服驱动技术等高阶技能,完成搬运单元任务。

工匠精神的内涵体现在以下几方面:一是敬业守信;二是执着专注;三是精益求精;四是作风严谨;五是推陈出新。实现中华民族伟大复兴的中国梦不仅需要大批科学家、技术专家,同时也需要千千万万的能工巧匠。

细微之处闪亮着工匠精神的光辉

李贵成是武汉产业基地的设备安全守护者,保持着289台设备线路安全零事故的记录。在过去的9年时间里,他参与了15个厂级改善项目,积累了丰富的电工专业知识。

据他回忆,建厂初期,整个厂区里没有桥架,这意味着生产过程中设备线路完全暴露在外,具有极大的安全隐患。上级要求他两周内架起24个桥架以满足生产需要。

"当时条件极其有限,最大的难题就是没有合适的材料,技术方面很短缺。"李贵成说。临危受命之际,李贵成很快组建了一个6人"突击队",夜以继日地作业,一项一项地解决问题,没有材料他们就对原来供应商不要的、剩下来的旧材料进行加工处理,研究出了一系列方便、快捷又安全的新方法。他说:"整整两个星期,我们把所有原供应商不要的材料进行手工打造,最终24个桥架按时按点完成交付使用。"每当回想这段往事,李贵成心里仍自豪满满。

李贵成在劳动中练就了非凡的实践技能和过硬的创新本领,凭借着十年磨一剑般的钻研精神和那股不达目的不服输的劲头,在平凡岗位创造出不平凡的业绩。李贵成和广大技术产业工人们的事迹,细微之处无不闪亮着工匠精神之光,唱响着嘹亮的劳动精神之歌。

1. 任务分析

输送单元功能是驱动其抓取机械手装置精确定位到指定单元的物料台,在物料台上抓取工件,把抓取到的工件输送到指定地点然后放下的功能。输送单元在网络系统中担任着主站的角色,它接收来自触摸屏的系统主令信号,读取网络上各从站的状态信息,加以综合后,向各从站发送控制要求,协调整个系统的工作。

任务1　搬运单元的机械安装、气路连接、电路连接

搬运单元机械系统如图5.1所示,将搬运单元拆开成组件和零件的形式,分类摆放,然后再组装成原样。安装气动系统元件,按照气动系统原理图剪裁气管、连接气路并调试。在搬运工作单元装置侧完成各传感器、电磁阀、电源端子等引线到装置侧接线端口之间的接线;在PLC侧进行电源连接、I/O点接线等。

任务2　搬运单元伺服电动机位置控制应用

搬运机械手要开机复位在原点。工作过程中要运动定位到加工站、装配站、分拣站等,这都需要精确运动定位,而运动定位需要借助伺服电机完成。因此,需要认知伺服电机和伺服驱动器的原理和结构,掌握运动定位与位置控制的技能。

任务3　搬运单元的位置控制向导编程

借助运动向导功能完成伺服电机位置控制的编程。掌握这种方法能大大简化精确运动定位的编程,降低编程难度和编程效率。

任务4　搬运单元的编程与调试

逐条列出搬运单元单控制要求,规划工作方案,梳理程序结构。结合控制要求,确定控制流程图,设计控制程序并运行调试。

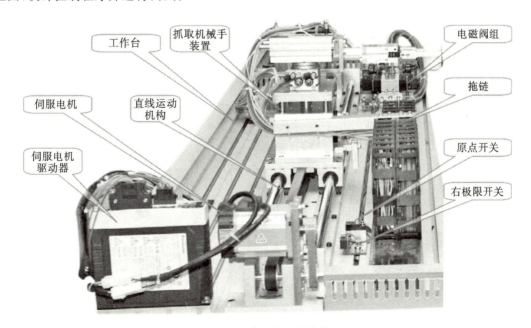

图5.1　搬运单元的构成

2. 任务分组

表 5.1　任务分配表

班级		组号		指导教师	
组长		学号			
姓名	学号	任务分工			

表 5.2　任务单

项目名称	搬运单元安装与调试			
序号	任务名称	任务完成质量要求		
1	搬运单元的机械安装、气路连接、电路连接			
2	搬运单元伺服电动机位置控制应用			
3	搬运单元的位置控制向导编程			
4	搬运单元的编程与调试			
下达时间		接受时间		完成时间
接单人		小组号		

3. 熟悉任务

任务1　搬运单元的机械安装、气路安装、电路连接

认真阅读机械装配图、电气、气动图纸，分析出安装基准、位置关系、精度要求、安装顺序。先把零件装成组件，再把组件进行组装。合理安排汇流板、电磁阀安装位置。查阅装配单元PLC的I/O信号表、装配单元PLC的I/O接线原理图，熟悉传感器、PLC、电磁阀、信号灯、电源端子、通信接口和电缆的接线。总结操作要点，写在下面横线上。

_____
_____
_____
_____

任务2　搬运单元伺服电动机位置控制应用

学习运动控制理论，理解通过"步进"离散控制实现精确运动定位的模型，认知伺服电机原理和结构，认知伺服驱动器。熟悉伺服电动机的位置控制功能，完成伺服电动机控制电路连接和伺服驱动器参数设置。简要描述"通过'步进'离散控制实现精确运动定位的模型"，写在下面横线上。

_____
_____
_____
_____

任务3　搬运单元的位置控制向导编程

结合位置控制需要的控制要求，运用位置控制向导功能完成位置控制的参数设置，生成运动控制组件。把其名称和功能写在下面横线上。

_____
_____
_____
_____

任务4　搬运单元的编程与调试

逐条列出搬运单元单控制要求，规划工作方案，梳理程序结构。结合控制要求，确定控制流程图，设计控制程序并运行调试。把编程中要完成的子程序名称和功能写在下面横线上。

_____
_____
_____
_____

4. 工作方案

任务1 搬运单元的机械安装、气路安装、电路连接

1）搬运单元的机械安装

直线运动组件和机械手组装效果如图5.2所示。

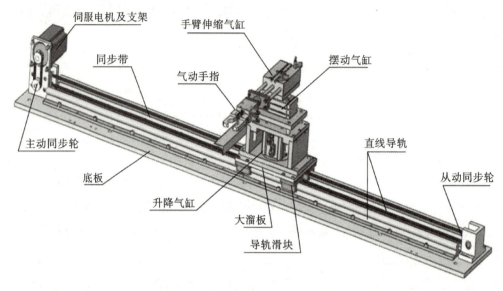

图5.2 直线运动组件和机械手组装效果图

（1）组装直线运动组件的步骤如下。

①在底板上装配直线导轨。

②装配大溜板、四个滑块组件：将大溜板与两直线导轨上的四个滑块的位置找准并进行固定，在拧紧固定螺栓的时候，应一边推动大溜板左右运动一边拧紧螺栓，直到滑动顺畅为止。

③连接同步带：将连接了四个滑块的大溜板从导轨的一端取出。将两个同步带固定座安装在大溜板的反面，用于固定同步带的两端。

分别将调整端同步轮安装支架组件、电机侧同步轮安装支架组件上的同步轮套入同步带的两端，在此过程中应注意电机侧同步轮安装支架组件的安装方向、两组件的相对位置，并将同步带两端分别固定在各自的同步带固定座内，同时也要注意保持连接后的同步带平顺一致，再将滑块套在柱形导轨上。

④同步轮安装支架组件装配：先将电机侧同步轮安装支架组件用螺栓固定在导轨安装底板上，再将调整端同步轮安装支架组件与底板连接，然后调整好同步带的张紧度，锁紧螺栓。

⑤伺服电机安装：将电机安装板固定在电机侧同步轮支架组件的相应位置，将电机与电机安装活动连接，并在主动轴、电机轴上分别套接同步轮，安装好同步带，调整电机位置，锁紧连接螺栓。最后安装左右限位以及原点传感器支架。

原点接近开关和左、右极限开关安装在直线导轨底板上,如图5.3所示,原点接近开关是一个无触点的电感式接近传感器,用来提供直线运动的起始点信号。左、右极限开关均是有触点的微动开关,用来提供越程故障时的保护信号:当滑动溜板在运动中越过左或右极限位置时,极限开关会动作,从而向系统发出越程故障信号。

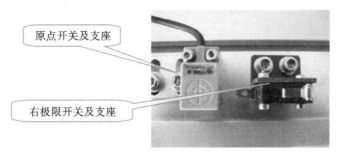

图5.3 原点接近开关和极限开关安装在直线导轨底板上

注意:轴承和轴承座均为精密机械零部件,拆卸以及组装需要较熟练的技能和专用工具,不可轻易对其进行拆卸或修配工作。

(2) 组装机械手装置。装配步骤如下。

① 提升机构组装如图5.4所示。

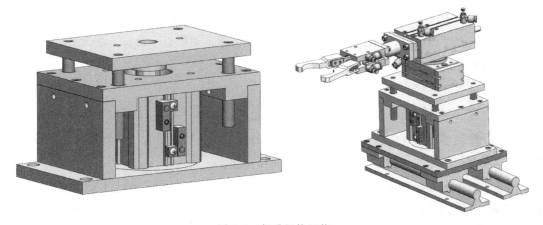

图5.4 提升机构组装

② 把气动摆台固定在组装好的提升机构上,然后在气动摆台上固定导杆气缸安装板,安装时注意要先找好导杆气缸安装板与气动摆台连接的原始位置,以便有足够的回转角度。

③ 连接气动手指和导杆气缸,然后把导杆气缸固定到导杆气缸安装板上。完成抓取机械手装置的装配。

(3) 把抓取机械手装置固定到直线运动组件的大溜板上。最后,检查摆台上的导杆气缸、气动手指组件的回转位置是否满足在其余各工作站上抓取和放下工件的要求,进行适当的调整。

2)搬运单元的气路连接

结合图 5.5,在搬运单元安装底板上依次安装汇流排、电磁阀,然后连接气动控制回路。

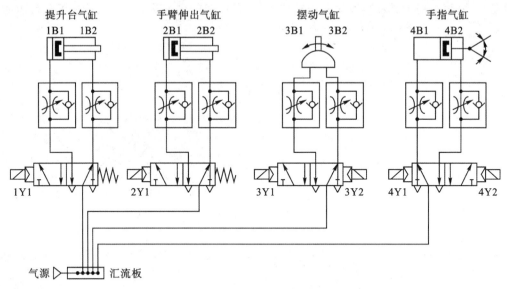

图 5.5　输送单元气动控制回路原理图

气路调试包括:

①用电磁阀上的手动换向锁钮调试顶料气缸和推料气缸的初始位置和动作位置是否正确。

②调整气缸节流阀以控制活塞杆往复运动的速度,伸出速度以不推倒工件为准。

3)搬运单元的电路连接

电气部分安装连接步骤:

①将电源、按钮模块、各传感器、PLC 正确安装。

②结合搬运单元装置侧的接线端口信号端子的分配表在搬运单元工作装置侧连接各按钮、传感器、电磁阀、电源端子到装置侧接线端口之间的接线。

结合搬运单元 I/O 信号分配表(表 5.3)、PLC 的电气控制原理图(图 5.6),完成 PLC 侧的接线,包括电源、PLC 的 I/O 点与 PLC 侧端口、PLC 侧端口和装置侧接口、PLC 的 I/O 点与按钮指示灯模块之间的接线。

表 5.3 搬运单元 PLC 的 I/O 信号分配表

输入信号				输出信号				
序号	PLC 输入点	信号名称	信号来源	序号	PLC 输入点	信号名称	信号来源
1	I0.0	原点传感器检测	装置侧	1	Q0.0	脉冲	装置侧
2	I0.1	右限位保护		2	Q0.1	方向	
3	I0.2	左限位保护		3	Q0.2	—	
4	I0.3	机械手抬升下限检测		4	Q0.3	抬升台上升电磁阀	
5	I0.4	机械手抬升上限检测		5	Q0.4	回转气缸右旋电磁阀	
6	I0.5	机械手旋转左限检测		6	Q0.5	手爪伸出电磁阀	
7	I0.6	机械手旋转右限检测		7	Q0.6	手爪夹紧电磁阀	
8	I0.7	机械手伸出检测		8	Q0.7	手爪放松电磁阀	
9	I1.0	机械手缩回检测		9	Q1.0	—	—
10	I1.1	机械手夹紧检测		10	Q1.1	—	
11	I1.2	伺服报警		11	Q1.2	—	
12	I1.3	—	—	12	Q1.3	—	
13	I1.4	—	—	13	Q1.5	报警指示	按钮/指示灯模块
14	I1.5	—	—	14	Q1.6	运行指示	
15	I1.6	—	—	15	Q1.7	停止指示	
16	I1.7	—	—				
17	I2.0	—	—				
18	I2.1	—	—				
19	I2.2	—	—				
20	I2.3	—	—				
21	I2.4	启动按钮	按钮/指示灯模块				
22	I2.5	复位按钮					
23	I2.6	急停按钮					
24	I2.7	方式选择					

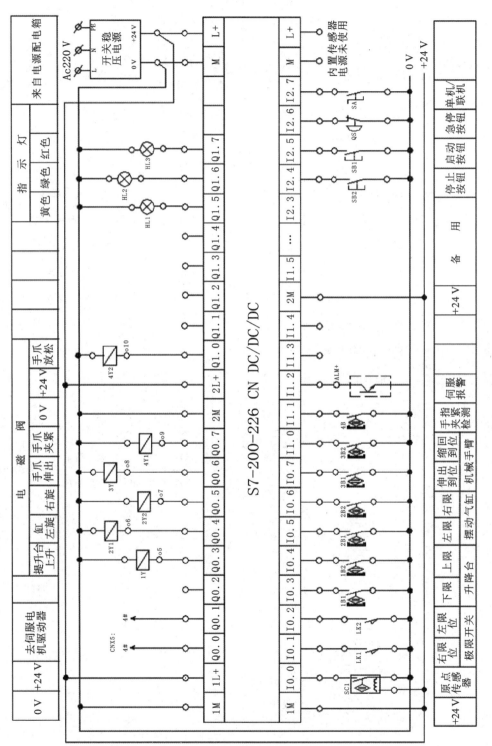

图 5.6 搬运单元 PLC 电气控制原理图

任务2 搬运单元伺服电机位置控制应用

交流伺服电机的工作原理：伺服电机内部的转子是永磁铁，驱动器控制的 U/V/W 三相电形成电磁场，转子在此磁场的作用下转动，同时电机自带的编码器反馈信号给驱动器，驱动器根据反馈值与目标值进行比较，调整转子转动的角度。伺服电机的精度取决于编码器的精度（线数）。伺服驱动器均采用数字信号处理器（DSP）作为控制核心，其优点是可以实现比较复杂的控制算法，实现数字化、网络化和智能化。功率驱动单元首先通过整流电路对输入的三相电或者市电进行整流，得到相应的直流电。再通过三相正弦 PWM 电压型逆变器变频来驱动三相永磁式同步交流伺服电机。

输送单元中采用了松下 MHMD022G1U 永磁同步交流伺服电机及 MADHT1506E 全数字交流永磁同步伺服驱动装置作为运输机械手的运动控制装置。伺服驱动装置工作于位置控制模式，S7-226 的 Q0.0 输出脉冲作为伺服驱动器的位置指令，脉冲的数量决定伺服电机的旋转位移，即机械手的直线位移，脉冲的频率决定了伺服电机的旋转速度，即机械手的运动速度，S7-226 的 Q0.1 输出脉冲作为伺服驱动器的方向指令。设计松下 MHMD022G1U 永磁同步交流伺服电机电路接线如图 5.7 所示。图中 CNX1 为电源输入接口、CNX2 为电机接口和外置再生放电电阻器接口、CNX5 为 I/O 控制信号端口、CNX6 为连接到电机编码器信号接口。根据上述要求，伺服驱动器参数设置如表 5.4 所示。

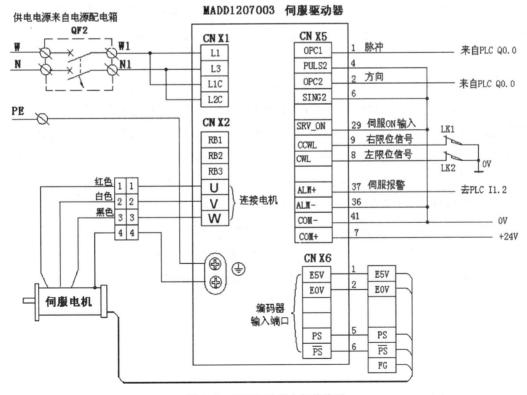

图 5.7　伺服驱动器电气接线图

表 5.4 松下 MHMD022G1U 伺服驱动器参数设定

序号	参数		设置数值	功能和含义
	参数编号	参数名称		
1	Pr5.28	LED 初始状态	1	显示电机转速
2	Pr0.01	控制模式	0	位置控制模式
3	Pr5.04	驱动禁止输入设定	2	当左或右(POT 或 NOT)限位动作,则会发生 Err38 行程限位禁止输入信号出错报警。设置此参数值必须在控制电源断电重启之后才能修改、写入成功
4	Pr0.00	旋转方向设置	0	正方向指令时电动机顺时针转
5	Pr0.04	惯量比	250	略
6	Pr0.02	实时自动增益设定	1	实时自动调整为标准模式运行时负载惯量变化情况很小
7	Pr0.03	实时自动增益的机械刚性选择	13	此参数值设的越大,响应越快
8	Pr0.06	指令脉冲极性设置	1	指令脉冲+指令方向,设置此参数值必须在控制电源断电重启之后才能修改、写入成功
9	Pr0.07	指令脉冲输入模式设置	3	
10	Pr0.08	电机每旋转一周的脉冲数	6000	电机每旋转一周所需的指令脉冲数

任务 3 搬运单元的位置控制向导编程

S7-200 内置有 Q0.0 和 Q0.1 两个 PTO/PWM 发生器,用以建立高速脉冲串(PTO)或脉宽调节(PWM)信号波形。其中 PTO 生成一个 50% 占空比脉冲串用于步进电机或伺服电机的速度和位置的开环控制。为了简化用户编程,STEP7-Micro/WIN 提供的位控向导,帮助用户在很短的时间内全部完成 PWM、PTO 或位控模块的组态。向导生成位置指令(组件),供用户调用。

使用位置控制向导编程的过程如下。

1)为 S7-200 PLC 选择选项组态内置 PTO 操作

在 STEP7 V4.0 软件命令菜单中选择工具→位置控制向导,即开始引导位置控制配置。在向导弹出的第 1 个界面,选择配置 S7-200 PLC 内置 PTO/PWM 操作。在第 2 个界面中选择"Q0.0"作脉冲输出。接下来的第 3 个界面如图 5.8 所示,请选择"线性脉冲输出(PTO)",并点选使用高速计数器 HSC0(模式 12)对 PTO 生成的脉冲自动计数的功能。单击"下一步"就开始了组态内置 PTO 操作。

2)设定电机速度参数

设定 MAX_SPEED(电机最高电机速度)、SS_SPEED(电机启动/停止速度)、CCEL_TIME(加速时间)和 DECEL_TIME(减速时间)等参数。

3)配置运动包络

配置运动包络的界面要求设定操作模式、1个步的目标速度、结束位置等步的指标,以及定义这一包络的符号名,如图5.9所示。

运动包络编写完成单击"确认",向导会要求为运动包络指定V存储区地址,可默认建议地址,也可自行键入合适的地址。

运动包络组态完成后,向导会为所选的配置生成四个项目组件(子程序)供用户在程序中调用,分别是:PTOx_CTRL子程序(控制)、PTOx_RUN子程序(运行包络)、PTOx_LDPOS子程序和PTOx_MAN子程序(手动模式)。

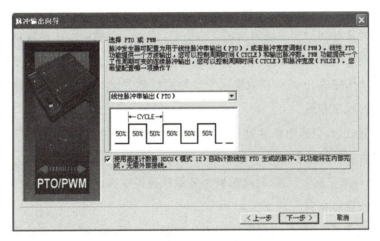

图5.8 组态内置PTO操作选择界面

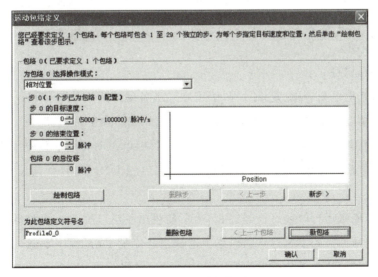

图5.9 配置运动包络界面

任务 4　搬运单元的编程与调试

搬运单元运行控制要求如下。

(1)输送单元在通电后,按下复位按钮 SB1,执行复位操作,使抓取机械手装置回到原点位置。在复位过程中,"正常工作"指示灯 HL1 以 1Hz 的频率闪烁。当抓取机械手装置回到原点位置,且输送单元各个气缸满足初始位置的要求,则复位完成,"正常工作"指示灯 HL1 常亮。

(2)按下启动按钮 SB2,设备启动,"设备运行"指示灯 HL2 也常亮,开始功能测试过程。

① 抓取机械手装置从装配站出料台抓取工件,抓取的顺序是:手臂伸出→手爪夹紧抓取工件→提升台上升→手臂缩回。

②抓取动作完成后,伺服电机驱动机械手装置向加工站移动,移动速度不小于 300 mm/s。

③机械手装置移动到加工站物料台的正前方后,即把工件放到加工站物料台上。抓取机械手装置在加工站放下工件的顺序是:手臂伸出→提升台下降→手爪松开放下工件→手臂缩回。

④放下工件动作完成 2 s 后,抓取机械手装置执行抓取加工站工件的操作。抓取的顺序与装配站抓取工件的顺序相同。

⑤抓取动作完成后,伺服电机驱动机械手装置移动到装配站物料台的正前方。然后把工件放到装配站物料台上。其动作顺序与加工站放下工件的顺序相同。

⑥ 放下工件动作完成 2 s 后,抓取机械手装置执行抓取装配站工件的操作。抓取的顺序与装配站抓取工件的顺序相同。

⑦机械手手臂缩回后,摆台逆时针旋转 90°,伺服电机驱动机械手装置从装配站向分拣站运送工件,到达分拣站传送带上方入料口后把工件放下,动作顺序与加工站放下工件的顺序相同。

⑧放下工件动作完成后,机械手手臂缩回,然后执行返回原点的操作。伺服电机驱动机械手装置以 400 mm/s 的速度返回,返回 900 mm 后,摆台顺时针旋转 90°,然后以 100 mm/s 的速度低速返回原点停止。

搬运单元编程思路如下。

主程序应包括上电初始化、复位过程(子程序)、准备就绪后系统启停、投入运行等阶段、急停或越程故障检测。搬运单元要实现低速回原点、回供料站、加工站、装配站、分拣站。

紧急停止子程序:当抓取机械手装置正在向某一目标点移动时按下急停按钮,PTOx_CTRL 子程序的 D_STOP 输入端变成高位,停止启用 PTO,PTOx_RUN 子程序使能位 OFF,使抓取机械手装置停止运动。

急停复位后,原来运行的包络已经终止,为了使机械手继续往目标点移动。可让它首先返回原点,然后运行从原点到原目标点的包络。这样当急停复位后,程序不能马上回到原来的顺控过程,而是要经过使机械手装置返回原点的一个过渡过程。

使用位控向导编程思路如下。

输送单元程序控制的关键点是伺服电机的定位控制,在编写程序时,应预先规划好各段的包络，然后借助位置控制向导组态PTO输出。表5.5的伺服电机运行的运动包络数据，是根据按工作任务的要求和各工作单元的位置，通过测量获取的各运动包络的脉冲数。表中包络5和包络6为急停复位，经急停处理返回原点后重新运行的运动包络。

表5.5 搬运单元伺服电机的运动包络数据

运动包络	站点		脉冲量	移动方向
0	低速回零		单速返回	DIR
1	供料站→加工站	430 mm	43000	—
2	加工站→装配站	350 mm	35000	—
3	装配站→分拣站	260 mm	26000	—
4	分拣站→高速回零前	900 mm	90000	DIR
5	供料站→装配站	780 mm	78000	—
6	供料站→分拣站	1040 mm	104000	—

STEP7 V4.0软件的位控向导能自动处理PTO脉冲的单段管线和多段管线、脉宽调制、SM位置配置和创建包络表。利用位控向导能自动实现伺服电机运行所需的运动包络。运动包络组态完成后，向导会为所选的配置生成四个项目组件（子程序），分别是：PTOx_CTRL子程序（控制）、PTOx_RUN子程序（运行包络）、PTOx_LDPOS子程序和PTOx_MAN子程序（手动模式）。

1）主程序

（1）上电初始化，程序如图5.10所示。

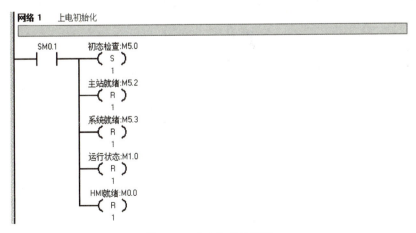

图5.10 上电初始化程序

(2)到达左右极限位置,触发超行程报警,并保持,直到报警解除(图5.11)。

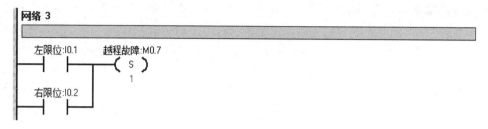

图 5.11　限位报警程序

(3)超行程报警时,复位运行状态(图5.12)。

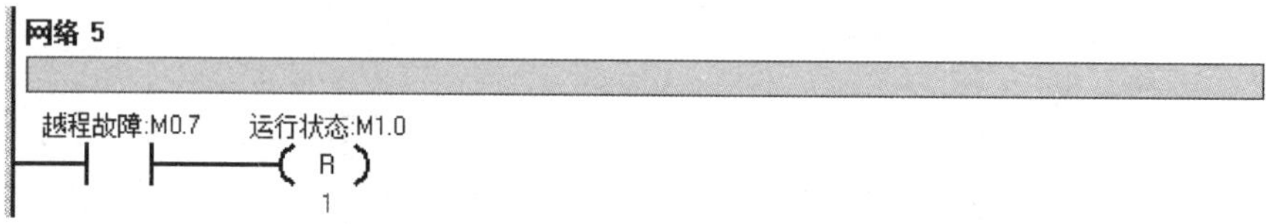

图 5.12　超行程报警程序

(4)启动和初始化 PTO 控制子程序,指定到达原点或超行程报警时,立即停止脉冲输出,遇到急停信号时 PTO 会产生将电机减速至停止的脉冲串(图5.13)。

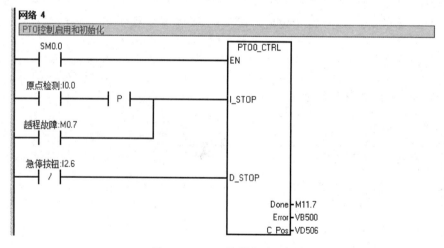

图 5.13　PTO 控制启动和初始化程序

(5)单站方式运行,主站未就绪且未运行状态下,按下复位按钮,调用初态检查复位程序,启动初态检查。未按急停按钮、在原点位置、执行气缸在初始位置,置为主站就绪(图5.14)。

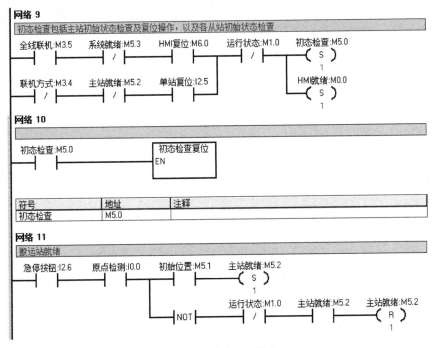

图5.14 单站运行程序

(6)主站就绪后关闭初态检查(图5.15)。

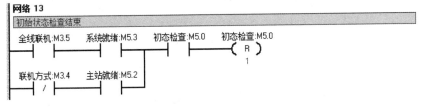

图5.15 初始状态检查结束程序

(7)主站就绪后关闭初态检查,按下启动按钮后切换到运行状态,激活S30.0状态步,按下停止按钮后关闭运行状态(图5.16)。

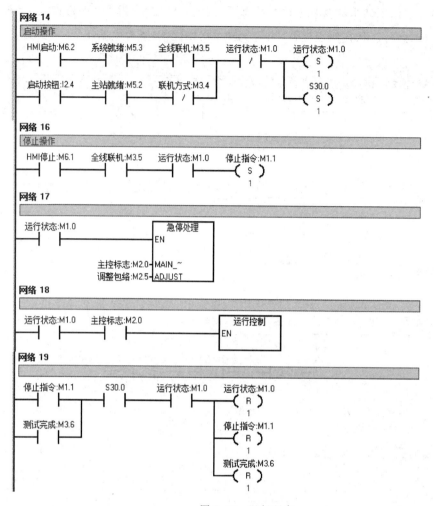

图 5.16 运行程序

2）初态检查复位子程序

初态检查复位子程序中，应当先复位本单元气动执行机构（复位夹紧气缸、旋转气缸、升降气缸、伸缩气缸）。检查复位信号满足后置位初始位置信号，调用回原点子程序，让机械手回原点。

这里需要大家特别注意的是，摆动气缸和夹紧气缸电磁阀使用的是双电控电磁阀。双电控电磁阀的特点是其两个电磁阀都得电或者都失电的情况下，不能改变阀芯位置。编程时禁止两个线圈都得电，要想改变阀芯位置，应当先使一个线圈复位，再使另一个线圈得电。当实现控制动作后，最好复位得电的电磁阀。下面结合输送单元气动控制回路原理图（图 5.5），编写本单元气动执行机构复位程序。

（1）机械手指复位（图 5.17）。若机械手处于夹紧状态，且夹紧电磁阀不得电，则置位放松电磁阀，让机械手松开；若夹紧电磁阀得电，则先复位夹紧电磁阀。当机械手处于松开状态，复位放松电磁阀。

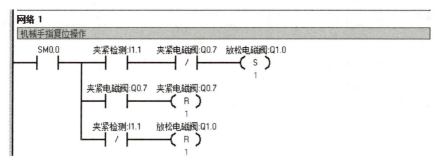

图 5.17 机械手指复位操作程序

(2)机械手复位(图 5.18)。若机械手处于左旋位置,且左旋电磁阀不得电,则置位右旋电磁阀,让机械手右旋;若左旋电磁阀得电,则先复位左旋电磁阀。当机械手处于右旋位置,及时复位右旋电磁阀(机械手处于右转为初始状态)。

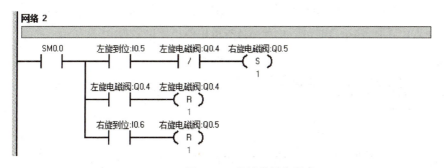

图 5.18 机械手复位程序

(3)初始位置(图 5.19)。当复位夹紧气缸、旋转气缸、升降气缸、伸缩气缸都处于初始状态时,接通初始位置继电器线圈 M5.1。请思考,这里能否使用置位指令?

图 5.19 初始位置程序

(4)启动回原点子程序(图 5.20)。当气动机构都处于初始状态时,启动回原点子程序。当到达原点时,停止回原点子程序。

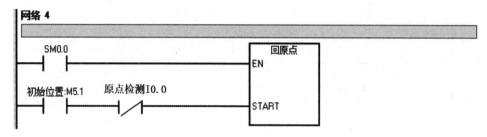

图 5.20 回原点子程序启动程序

3)回原点子程序

在回原点子程序的局部变量表里添加 IN(输入)型变量 START,设定数据类型为 BOOL 型,系统会为其配置局部变量 L0.0。当启动回原点子程序条件满足时,若 START(即局部变量 L0.0)状态为 ON,置位 PLC 的方向控制输出 Q0.1(方向控制 Q0.1 的值为 1 为回原点方向),并且这一操作放在 PTO0_RUN 指令之后,确保了方向控制输出的下一个扫描周期才开始脉冲输出。之后启动包络 0 定义的运动。到达原点位置时,停止当前包络 0,并减速至电机停止(图 5.21)。

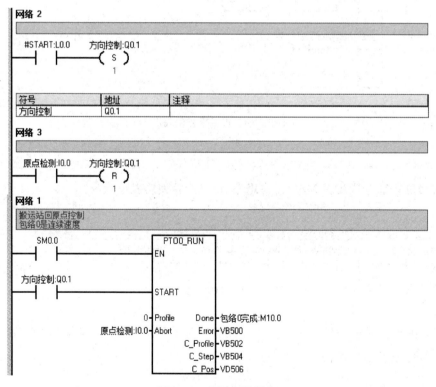

图 5.21 回原点子程序

到达原点位置后,复位已经完成,复位运动方向控制信号(此时方向为反方向),为后续搬运工作做好准备。

4)急停处理子程序

当系统进入运行状态后,在每一扫描周期都调用急停处理子程序。

急停处理子程序带形式参数,在其局部变量表中定义了 2 个 BOOL 型的输入/输出参数 ADJUST 和 MAIN_CTR。参数 MAIN_CTR 传递给全局变量主控标志 M2.0,并由 M2.0 当前状态维持,此变量的状态决定了系统在运行状态下能否执行正常的传送功能测试过程。

参数 ADJUST 传递给全局变量包络调整标志 M2.5,并由 M2.5 当前状态维持,此变量的状态决定了系统在移动机械手的工序中是否需要调整运动包络号。

在急停处理子程序(图 5.22)中:

①当急停按钮被按下时,网络 1 中 I2.6 常闭触点导通,复位 MAIN_CTR 清零,并输出给全局变量主控标志 M2.0(使 M2.0=0),在主程序中 M2.0=0,切断调用运行控制子程序条件,使传送功能过程停止。

②若急停前抓取机械手正在前进中,(从供料往加工 S30.2,或从加工往装配 S30.5,或从装配往分拣 S31.0),则当急停复位的上升沿到来(松开急停按钮)时,需要启动使机械手低速回原点过程。到达原点后,置位 ADJUST 输出,传递给包络调整标志 M2.5,以便在传送功能过程重新运行后,给处于前进工步的过程调整包络用(目的是恢复原运动包络,重新运动定位)。例如,对于从加工到装配的过程,急停复位重新运行后,将执行从原点(供料单元处)到装配的包络。

③若急停前抓取机械手正在高速返回(S31.2)中,则当急停复位的上升沿到来时,使高速返回步复位,转到下一步即摆台右转和低速返回(S31.3)。

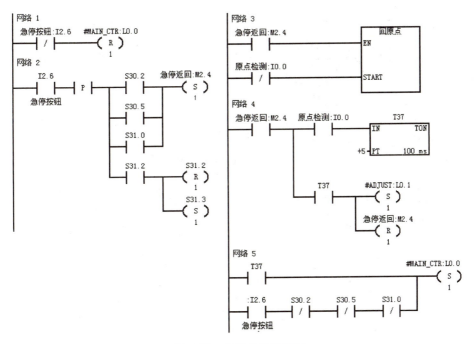

图 5.22 急停处理子程序

④机械手在不同的阶段抓取工件或放下工件的动作顺序是相同的。采用子程序调用的方法来实现抓取和放下工件的动作控制使程序编写得以简化。在机械手执行放下工件的工作步中,调用"放下工件"子程序,在执行抓取工件的工作步中,调用抓取工件子程序。这两个子程序都带有 BOOL 类型的输出参数,当抓取或放下工作完成时,输出参数为 ON,传递给相应的"放料完成"标志 M4.1 或"抓取完成"标志 M4.0,作为顺序控制程序中步转移的条件。

5)抓取工件子程序

抓取工件动作顺序为:手臂伸出→手爪夹紧→提升台上升→手臂缩回(图 5.23)。

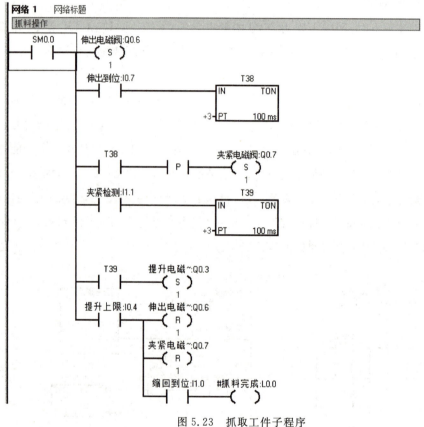

图 5.23 抓取工件子程序

6)放下工件子程序

放下工件动作顺序为:手臂伸出→提升台下降→手爪松开→手臂缩回(图 5.24)。

项目五　搬运单元的安装与调试

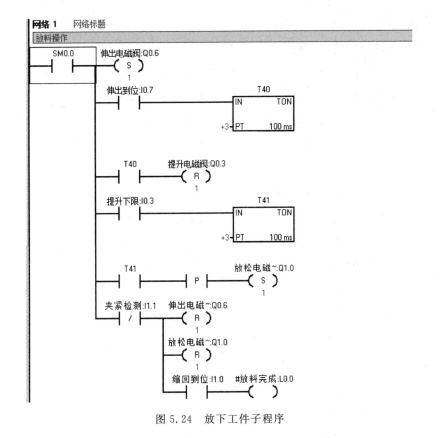

图 5.24　放下工件子程序

> 　　工匠精神是优秀的职业道德文化,是提高个人职业能力、职业竞争力的核心文化,是从业者在产品设计、生产、制作等整个过程中精益求精、精雕细琢、追求完美的工作理念与工作状态。
> 　　在岗位上要一丝不苟,想办法、动脑子,想方设法把工作搞好,确保立足企业的本钱。相反如果在自己的岗位上创造不出来足够的价值,是不能在企业立足和长远发展的。
> 　　我们要成长为德才兼备的高技术技能型人才,必须注重工匠精神的养成。这要求我们在实训学习、操作中,自觉遵从大国工匠精神的指引,要善于揣摩、善于钻研、善于总结,自己探索出一套精辟的工作方法,打破现有的工作惯例,练就高超的技能。

5. 任务实施

1) 搬运单元的机械安装、气路连接、电路连接

把机械、气动、传感器、电气部分元件有序拆卸，分类摆放。遵照图纸和技术规范把搬运单元机械、气动、传感器、电气部分按照顺序安装、紧固和连接，检查接线是否错误，并检验是否能正常工作和适当调整。填写装调过程中出现的错误和改正措施。

2) 搬运单元伺服电动机位置控制应用

在实训教师的指导下完成伺服电动机控制电路的连接与检查(参照图5.7)，并设置伺服驱动器参数(参照表5.4)。完成伺服电动机控制电路连接和参数设置后，注意按照说明书操作，保存参数，使设定的参数生效。

3) 搬运单元的位置控制向导编程

在STEP7 V4.0软件命令菜单中选择工具→位置控制向导，使用位置控制向导编程编写伺服电动机运动控制程序。参照表5.5中搬运单元伺服电机的运动包络数据，设置各个运动数据，生产对应的运动包络文件，以供搬运单元编程时调用。

4) 搬运单元的编程与调试

搬运单元的传送功能过程是一个单序列的步进顺序控制，传送功能顺序功能图如图5.25所示。在运行状态下，若主控标志 M2.0 为 ON，则调用该子程序。请参照上文中搬运单元编程部分内容，编写传送功能子程序。

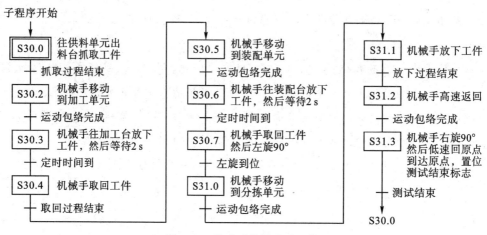

图 5.25 传送功能测试子程序

传送功能测试子程序内容较多，可以先编写供料站→加工站→供料站部分程序，调试成功后再编写其余部分程序。

6. 评价反馈

请完成表5.6、表5.7和表5.8。

表5.6 自评和小组评分表

班级		组名		日期		
评价指标	评价内容			分数	自评分数	小组分数
工作感知	是否熟悉工作岗位,认同工作价值; 是否崇尚劳动光荣、技能宝贵; 在工作中是否能获得满足感			15分		
参与态度	是否积极主动参与工作,能吃苦耐劳; 是否探究式学习、自主学习,不流于形式; 是否处理好合作学习和独立思考的关系,做到有效学习			10分		
	与教师、同学之间是否相互尊重、理解、平等; 是否与人保持多向、丰富、适宜的信息交流; 是否能够倾听别人意见,与人协作共享			10分		
学习方法	学习方法是否得当; 是否能按要求正确操作; 是否有进一步学习的能力			10分		
工作过程	是否按时出勤并完成工种任务; 是否遵守管理规程; 操作过程是否符合现场管理要求			20分		
思维能力	能否发现问题、提出问题、分析问题、解决问题、创新思维			10分		
自评反馈	是否按时按质完成工作任务; 是否较好地掌握了专业知识点; 是否具有较强的信息分析能力和理解能力; 是否具有较为全面严谨的思维能力,并能条理清楚地表达			25分		
合计				100分		
有益的做法						

表 5.7　教师评价表

班级		组名		姓名	
出勤情况					
评价内容	评价要点	考察要点	价值	分数	评分规则
任务描述	口述内容细节	表述仪态自然、吐字清晰	2 分		表述仪态不自然或吐字模糊扣 1 分
		表达思路清晰、层次分明,关键词准确	3 分		表达思路不清晰或关键词不准确扣 1 分
任务分析	依据图样分析工艺并分组分工	表述仪态自然、吐字清晰	2 分		表述仪态不自然或吐字模糊扣 1 分
		表达思路清晰、层次分明,关键词准确	3 分		表达思路不清晰或关键词不准确扣 1 分
计划实施	任务准备	准备和清点工具	1 分		每漏一项扣 1 分
		拆装工具并摆放整齐	3 分		混乱摆放扣 1 分
		图纸摆放整齐	1 分		实操期间丢、破扣 1 分
	执行任务	机械安装	15 分		有明显不足,每一项扣 1 分,扣完为止
		气路连接	15 分		气路连接错误,每项扣 1 分,扣完为止
		电路连接	20 分		电路连接错误,每项扣 1 分,扣完为止
		编程与调试	15 分		搬运控制、状态指示和主程序错误各扣 5 分
总结	任务总结	自评分数	10 分		
		小组分数	10 分		
		合计	100 分		

表 5.8　项目完成情况评分表

评分项目	评分细则
机械安装及 其装配工艺 （30 分）	装配未完成或装配错误导致安装失败，传动机构不能运行，扣 5 分
	驱动电机或联轴器安装及调整不正确，扣 5 分
	传送带打滑或运行时抖动、偏移过大，扣 5 分
	工作单元安装定位与要求不符，有紧固件松动现象，扣 5 分
	直线传动组件装配、调整不当导致无法运行，扣 5 分
	抓取机械手装置未完成或装配错误以致不能运行，扣 5 分
气路连接及工艺 （20 分）	气路连接未完成或有错，每处扣 2 分
	气路连接有漏气现象，每处扣 1 分
	气缸节流阀调整不当，每处扣 1 分
	气管没有绑扎或气路连接凌乱，扣 2 分
电路连接及工艺 （20 分）	伺服驱动器及电机接线错误导致不能运行，扣 2 分
	变频器及驱动电动机接线错误导致不能运行，扣 2 分，没有接地，扣 1 分。
	必要的限位保护未接线或接线错误，扣 1.5 分
	端子连接、插针压接不牢或超过 2 根导线，每处扣 0.5 分
	端子连接处没有线号，每处扣 0.5 分
	电路接线没有绑扎或电路接线凌乱，扣 1.5 分
	伺服驱动器和变频器关键参数设置不当，每项扣 0.5 分
编程调试 （15 分）	供料站到加工站传送功能测试子程序错误，扣 5 分
	加工站到装配站传送功能测试子程序错误，扣 5 分
	装配站到分拣站传送功能测试子程序错误，扣 5 分
职业素养与 安全意识 （15 分）	现场操作安全保护不符合安全操作规程，扣 3 分
	工具摆放及对包装物品、导线线头等的处理不符合职业岗位的要求，扣 3 分
	不遵守现场纪律，扣 3 分
	团队合作不当，扣 2 分
	不爱惜设备和器材，扣 2 分
	工位不整洁，扣 2 分
总分（100 分）	

教师寄语

　　工匠精神是一种心态，一种干一行、爱一行、精一行的态度，一种追求完美、追求创新的职责感，它活在每一个人的心里。时时刻刻地坚持这种不断追求完美、追求创新的精神，凭此去完成每一件事，并且热爱它。

　　细节是工匠精神的四肢，创新是工匠精神的心脏，而态度则是工匠精神的灵魂。当代大学生要具有自我培育的意识。在体悟工匠情怀、认同工匠精神的基础上，树立"劳动创造幸福、实干成就伟业"的信仰。

　　在实训课堂内外，我们要以大国工匠为榜样，学习他们的成长故事和为国奉献的精神。在实训过程中要严格按照实训步骤进行操作，并以精益求精、专注执着、大胆创新等精神为指导，高标准完成实训项目并按质量控制点自我检验，注重细节，践行工匠精神。

自动生产线安装与调试
实训报告

专　　业　_____

班　　级　_____

姓　　名　_____

日　　期　_____

项目一 供料单元的安装与调试

一、实验设备

1. 自动化生产线供料单元元件
2. 电工作业专用工具箱 1 套
3. PLC 编程电脑及软件 1 台套
4. 实训耗材若干

二、实验目的

1. 知识目标

2. 技能目标

三、实验成果

1. 供料单元过程评价单
2. 供料单元控制程序设计及调试
   a. 主程序(初态检查程序、启停控制程序、状态显示程序);
   b. 供料子程序。

项目二 加工单元的安装与调试

一、实验设备

1. 自动化生产线加工单元元件
2. 电工作业专用工具箱 1 套
3. PLC 编程电脑及软件 1 台套
4. 实训耗材若干

二、实验目的

1. 知识目标

2. 技能目标

三、实验成果

1. 加工单元过程评价单
2. 加工单元控制程序设计及调试
   a. 主程序(初态检查程序、启停控制程序、状态显示程序);
   b. 供料子程序。

项目三 装配单元的安装与调试

一、实验设备

1. 自动化生产线加工单元元件
2. 电工作业专用工具箱 1 套
3. PLC 编程电脑及软件 1 台套
4. 实训耗材若干

二、实验目的

1. 知识目标

2. 技能目标

三、实验成果

1. 装配单元过程评价单
2. 装配单元控制程序设计及调试
   a. 主程序(初态检查程序、启停控制程序、状态显示程序);
   b. 供料子程序和装配子程序。

项目四　分拣单元的安装与调试

一、实验设备

1. 自动化生产线加工单元元件
2. 电工作业专用工具箱 1 套
3. PLC 编程电脑及软件 1 台套
4. 实训耗材若干

二、实验目的

1. 知识目标

2. 技能目标

三、实验成果

1. 分拣单元过程评价单
2. 分拣单元变频器参数设置

3. 分拣单元的编码器应用设定

4. 分拣单元控制程序设计及调试
    a. 主程序；
    b. 高速计数器初始化子程序；
    c. 分拣控制子程序。

项目五 搬运单元的安装与调试

一、实验设备

1. 自动化生产线加工单元元件
2. 电工作业专用工具箱 1 套
3. PLC 编程电脑及软件 1 台套
4. 实训耗材若干

二、实验目的

1. 知识目标

2. 技能目标

三、实验成果

1. 搬运单元过程评价单
2. 搬运单元位置控制——伺服电动机的参数设置

3. 搬运单元的位置控制向导编程的内容和步骤

4. 搬运单元控制程序设计及调试
   a. 主程序；
   b. 回原点子程序；
   c. 抓取工件子程序；
   d. 放下工件子程序。